Eliana Lopes Ferreira

DESCOMPLICANDO A BIOFÍSICA: UMA INTRODUÇÃO AOS CONCEITOS DA ÁREA

Rua Clara Vendramin, 58 . Mossunguê . CEP 81200-170 . Curitiba . PR . Brasil
Fone: (41) 2106-4170
www.intersaberes.com
editora@intersaberes.com

Conselho editorial
Dr. Alexandre Coutinho Pagliarini
Dr.ª Elena Godoy
Dr. Neri dos Santos
Dr. Ulf Gregor Baranow

Editora-chefe
Lindsay Azambuja

Gerente editorial
Ariadne Nunes Wenger

Assistente editorial
Daniela Viroli Pereira Pinto

Preparação de originais
Julio Cesar Camillo Dias Filho

Edição de texto
Guilherme Conde Moura Pereira
Mille Foglie Soluções Editoriais

Capa
Débora Gipiela (design)
Jule_Berlin/Shutterstock (imagem)

Projeto gráfico
Débora Gipiela (design)
Maxim Gaigul/Shutterstock (imagens)

Diagramação
Sincronia Design

Equipe de design
Débora Gipiela

Iconografia
Celia Suzuki
Regina Claudia Cruz Prestes

Dados Internacionais de Catalogação na Publicação (CIP)
(Câmara Brasileira do Livro, SP, Brasil)

Ferreira, Eliana Lopes
  Descomplicando a biofísica: uma introdução aos conceitos da área/Eliana Lopes Ferreira. 1. ed. Curitiba: InterSaberes, 2020. (Série Dinâmicas da Física)

  Bibliografia.
  ISBN 978-65-5517-647-6

  1. Biofísica 2. Física – Estudo e ensino I. Título II. Série.

20-37057   CDD-571.4

Índices para catálogo sistemático:
1. Biofísica   571.4

Maria Alice Ferreira – Bibliotecária – CRB-8/7964

1ª edição, 2020.

Foi feito o depósito legal.

Informamos que é de inteira responsabilidade da autora a emissão de conceitos.

Nenhuma parte desta publicação poderá ser reproduzida por qualquer meio ou forma sem a prévia autorização da Editora InterSaberes.

A violação dos direitos autorais é crime estabelecido na Lei n. 9.610/1998 e punido pelo art. 184 do Código Penal.

Sumário

Imersão qualificada 6
Como aproveitar ao máximo as partículas deste livro 10

1 Introdução à biofísica: medidas, padrões, gráficos, escalas 15
   1.1 Medidas, padrões e precisão 16
   1.2 Escalas linear e logarítmica 38
   1.3 Gráficos 42
   1.4 Decaimento e crescimento exponenciais 47
   1.5 Importância biológica e estrutura molecular da água 54

2 Biomecânica: contração muscular, produção de calor, e sistemas respiratório, circulatório e renal 74
   2.1 Composição e estrutura de sistemas biológicos 75
   2.2 Alavancas e contração muscular 87
   2.3 A pressão e os sistemas circulatório e vascular 102
   2.4 Dinâmica dos sistemas respiratório e renal 110
   2.5 Produção e dissipação de calor 118

3 Visão e audição: formação de imagem, audição e produção de sons 139

3.1 Reflexão e refração na formação de imagens 140
3.2 Formação da imagem no olho humano e interpretação da imagem 163
3.3 Formação da imagem em olhos de animais 169
3.4 Anatomia funcional do aparelho auditivo 176
3.5 A produção de som dos animais 180

4 Fenômenos elétricos e magnéticos nas células: potencial de uma membrana, corrente elétrica, campo magnético e biomagnetismo 205

4.1 Potencial de uma membrana celular 206
4.2 Potencial de ação e miocárdio 215
4.3 Efeitos da corrente elétrica no corpo 222
4.4 Biomagnetismo 226
4.5 Orientação magnética de abelhas e pássaros 235

5 Radiação: radiações ionizantes e radiações não ionizantes, radioatividade, raios X, raios gama e radiobiologia 245

5.1 Modelos atômicos 246
5.2 O espectro eletromagnético, as radiações ionizantes e as radiações não ionizantes 252
5.3 Radioatividade e radioisótopos 258
5.4 Raios X e raios gama 263
5.5 Radiobiologia 267

6 Técnicas e análises em biofísica 282

    6.1 Radioterapia 283

    6.2 Espectroscopia de absorção de luz 288

    6.3 Cristalografia 292

    6.4 Ressonância magnética 297

    6.5 Eletroforese 300

Conservação da energia 318

Referências 319

Bibliografia comentada 321

Respostas 324

Sobre a autora 327

Imersão qualificada

A física e a biologia são áreas do conhecimento que investigam os fenômenos naturais e os seres vivos existentes no Universo. Quando elas se unem, surge uma terceira ciência, a biofísica. Esta que utiliza teorias e métodos físicos no enfrentamento de desafios na área da biologia. A biofísica, portanto, é extremamente importante para o desenvolvimento tecnológico e para a garantia de maior qualidade e expectativa de vida.

O estudo da biofísica é essencial em várias áreas da formação humana. É por essa razão que muitos cursos de graduação tratam de seus temas, no intento de propiciar aos estudantes formação ética, focada na autonomia intelectual e na criticidade para a tomada de decisões diante de situações problemáticas que envolvam ciência, tecnologia e sociedade.

Nesse sentido, nesta obra apresentamos conceitos, leis, relações, teorias dessa ciência utilizando uma linguagem que dialoga com outras áreas do conhecimento, possibilitando a você, leitor, uma formação mais completa.

No início de cada capítulo, com o intuito de familiarizá-lo com os assuntos tratados no corpo do texto, disponibilizamos uma pequena introdução dos conteúdos que serão abordados. Da mesma forma, ao fim de cada capítulo, apresentamos um breve resumo do que foi

exposto para colaborar com o fechamento do processo de aprendizagem, retomar alguns pontos e estabelecer algumas relações.

Ao longo dos capítulos, propomos a leitura de textos que aprofundam as relações entre os conceitos estudados e situações cotidianas, bem como a realização de exercícios para que você faça uma autoavaliação e verifique se houve ou não aprendizado em torno de um conjunto de conteúdos. Para completar, propomos questões que favoreçam sua reflexão sobre diversos temas atuais na nossa sociedade. Por fim, sugerimos atividades práticas para que possa aplicar os conteúdos estudados. No escopo da obra, arrolamos conceitos básicos da biofísica.

No Capítulo 1, elencamos conteúdos com o propósito de possibilitar a compreensão e a interpretação das relações entre as dimensões de um organismo e suas funções biológicas. Para isso, trataremos das medidas, da precisão e dos padrões, das escalas linear e logarítmica e dos diferentes gráficos. Também apresentaremos o decaimento e o crescimento exponencial, bem como a importância biológica e a estrutura molecular da água.

No Capítulo 2, dedicado à biomecânica, discutiremos a composição e a estrutura dos sistemas biológicos, os diferentes tipos de alavanca e a relação delas com a contração muscular. Em seguida, trataremos da pressão e dos sistemas circulatório e vascular. Ainda no

segundo capítulo, abordaremos os sistemas respiratório e renal, bem como a produção e a dissipação de calor. Dessa forma, pretendemos explicar a aplicação de conceitos físicos e químicos nos processos biológicos.

No Capítulo 3, abordaremos conteúdos relacionados à visão e à audição. Nele, detalharemos a formação da imagem no processo da visão e a percepção do som no processo da audição. Para isso, trataremos dos seguintes temas: fenômenos ópticos, como a formação das imagens; especificidades do olho humano e dos demais animais; anatomia funcional do aparelho auditivo; e produção de som dos animais.

No Capítulo 4, versaremos sobre os fenômenos elétricos e magnéticos nas células. Para isso, estudaremos o potencial de uma membrana celular, o potencial de ação do miocárdio, os efeitos da corrente elétrica no corpo e o biomagnetismo. O objetivo é auxiliá-lo a compreender a aplicação e a influência dos fenômenos elétricos e magnéticos nos seres vivos.

No Capítulo 5, proporemos o estudo das radiações para identificar seus efeitos e suas aplicações nos sistemas biológicos. Para isso, apresentaremos os modelos atômicos e sua evolução ao longo do tempo, o espectro eletromagnético, as radiações ionizantes e as não ionizantes, a radioatividade e suas especificidades, além da radiobiologia.

No Capítulo 6, trataremos especificamente das mais importantes e mais utilizadas técnicas e análises

em biofísica, como: radioterapia, espectroscopia, cristalografia, ressonância magnética e eletroforese.

Ao final, comentamos as referências usadas para desenvolver este livro mostrando os pontos positivos de cada obra indicada e o contexto em que foram escritas.

A linguagem utilizada nesta obra foi cuidadosamente pensada em consideração a pedidos de estudantes que manifestam muita dificuldade para compreender diversos conceitos da biofísica em razão da linguagem complexa comumente utilizada.

Esperamos que esta produção faça as vezes de um instrumento de apoio, pesquisa e incentivo no contexto de necessidade constante pela busca ao conhecimento.

Como aproveitar ao máximo as partículas deste livro

Empregamos nesta obra recursos que visam enriquecer seu aprendizado, facilitar a compreensão dos conteúdos e tornar a leitura mais dinâmica. Conheça a seguir cada uma dessas ferramentas e saiba como elas estão distribuídas no decorrer deste livro para bem aproveitá-las.

Primeiras emissões
Logo na abertura do capítulo, informamos os temas de estudo e os objetivos de aprendizagem que serão nele abrangidos, fazendo considerações preliminares sobre as temáticas em foco.

Radiação residual

Ao final de cada capítulo, relacionamos as principais informações nele abordadas a fim de que você avalie as conclusões a que chegou, confirmando-as ou redefinindo-as.

Para saber mais

Para ampliar seu repertório, indicamos conteúdos de diferentes naturezas que ensejam a reflexão sobre os assuntos estudados e contribuem para seu processo de aprendizagem.

Absorção fotônica

Apresentamos estas questões objetivas para que você verifique o grau de assimilação dos conceitos examinados, motivando-se a progredir em seus estudos.

Interações teóricas

Aqui apresentamos questões que aproximam conhecimentos teóricos e práticos a fim de que você analise criticamente determinado assunto.

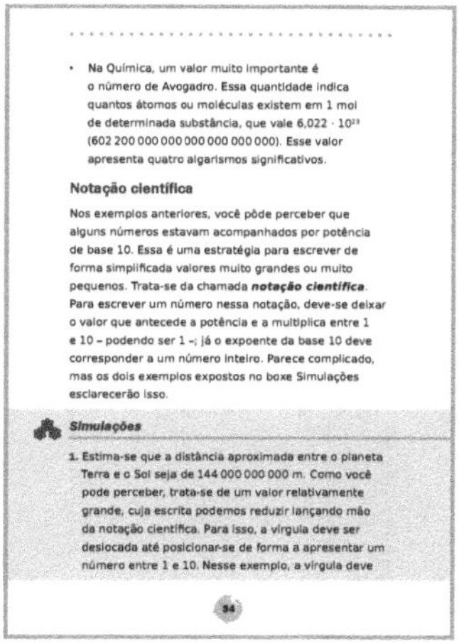

Simulações

Disponibilizamos, nesta seção, exemplos para ilustrar conceitos e operações descritos ao longo do capítulo a fim de demonstrar como as noções de análise podem ser aplicadas.

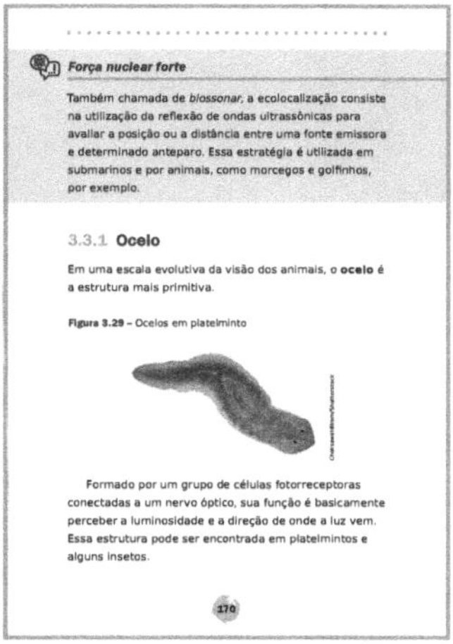

Força nuclear forte

Nestes boxes, apresentamos informações complementares e interessantes relacionadas aos assuntos expostos no capítulo.

Bibliografia comentada

DURAN, J. E. R. **Biofísica**: fundamentos e aplicações. São Paulo: Prentice-Hall, 2003.

Nessa obra, a física é apresentada como uma ciência essencial, necessária para o estudo dos processos de vida. Isso porque existem milhares de leis que possibilitam estudos importantíssimos e auxiliam no processo de compreensão dos fenômenos físico-biológicos. O livro mostra aplicações dos conceitos, tornando a aprendizagem muito mais ativa e significativa por meio do diálogo entre diferentes áreas do conhecimento. Trata-se de um exemplar extenso, organizado em 11 capítulos.

GARCIA, E. A. C. **Biofísica**. São Paulo: Sarvier, 1998.

Essa obra está focada em dar suporte aos desprovimentos das práticas dos profissionais da área, a fim de suprir as necessidades dos docentes e estudantes, assim como progredir a literatura científica em nosso país.

Bibliografia comentada

Nesta seção, comentamos algumas obras de referência para o estudo dos temas examinados ao longo do livro.

Introdução à biofísica: medidas, padrões, gráficos, escalas

Primeiras emissões

Realizar medições em unidades variadas, fazer conversão para unidades padrões e organizar dados em gráficos são tarefas recorrentes de quem estuda ciências como física, biologia e química. Por essa razão, neste capítulo, evidenciamos a importância do ato de medir, compreender a importância dos padrões, precisar valores, além de analisar gráficos variados, em escalas diferentes, uma vez que estes podem apresentar muitas informações de forma prática e resumida, facilitando a interpretação no campo das ciências naturais.

1.1 Medidas, padrões e precisão

A física, a química, a biologia, ciências que dependem da experimentação, são baseadas em coleta de dados, medições e padronização. Em muitas situações, a precisão dos dados, utilizados posteriormente para fins diversos, é decisiva para o sucesso ou insucesso da sua interpretação. Pesquisas em nanotecnologia ou com seres vivos que correm risco de morte requerem muito cuidado no que se refere aos métodos de pesquisa, à leitura e à interpretação correta dos dados, bem como ao tratamento das variáveis envolvidas.

1.1.1 A importância das medidas e de suas unidades

Quando alguém vai à feira e compra 1 quilograma de batata, 500 gramas de limão, 1 mamão, 2 litros de leite, dentre outros produtos, mesmo sem perceber, está usando conhecimentos importantes, construídos há muito tempo. Trata-se do **sistema de medidas**.

Figura 1.1 – Balança digital para medir massa

Chamamos de **grandeza** tudo aquilo que podemos medir e comparar com um padrão. Por sua vez, chamamos de **unidade de medida** o que usamos para estabelecer tal comparação.

De acordo com o Vocabulário Internacional de Metrologia (VIM), grandeza é a propriedade de determinado fenômeno, corpo ou substância que pode ser expressa quantitativamente mediante um número e uma referência, ou seja, uma unidade de medida.

 Verificação do aprendizado

Para obter mais informações sobre o VIM, recomendamos o seguinte documento:

INMETRO – Instituto Nacional de Metrologia Normalização, Qualidade e Tecnologia. **Vocabulário Internacional de Metrologia:** conceitos fundamentais e gerais de termos associados (VIM 2012). Duque de Caxias, RJ: INMETRO, 2012. Disponível em: <http://www.inmetro.gov.br/inovacao/publicacoes/vim_2012.pdf>. Acesso em: 12 jun. 2020.

No Quadro 1.1 apresentamos alguns exemplos de grandezas, algumas de suas unidades de medida e seus respectivos símbolos.

Quadro 1.1 – Exemplos de grandezas, algumas de suas unidades de medida e seus símbolos

Grandeza	Unidades de medida	Símbolo
tempo	segundo minuto hora	s min h
massa	miligrama grama quilograma tonelada	mg g kg t
temperatura	Celsius Fahrenheit Kelvin	°C °F K
comprimento	milímetro centímetro metro quilômetro	mm cm m km
volume	metro cúbico centímetro cúbico litro	m^3 cm^3 L ou l
velocidade	metro por segundo quilômetro por hora metro por minuto	m/s km/h m/min

Analisando o Quadro 1.1, percebemos que é possível uma grandeza ser expressa por muitas unidades de medida. Essa variedade pode ser atribuída ao fato de que, desde a Antiguidade, diferentes comunidades, povoados e reinos sentiram necessidade de contar, medir, enfim, de mensurar objetos, produtos, terras, mercadorias, tendo criado, conforme o contexto local, suas próprias estratégias para fazer medições e proceder a negociações.

1.1.2 O Sistema Internacional de Unidades (SI)

Desde o Egito Antigo (5000 a.C.) e, depois, na Roma Antiga, há relatos da utilização de partes do corpo – em geral, do rei – como estratégia para fazer medições. O pé, o palmo, a jarda e a polegada, por exemplo, eram empregadas para medir a grandeza **comprimento**.

Figura 1.2 – Padrões com base em partes do corpo

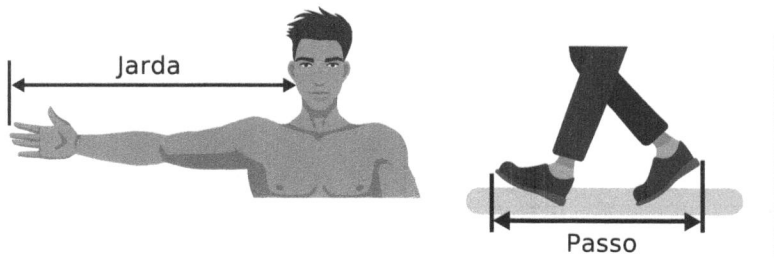

No entanto, a falta de padronização entre as unidades de medida de diferentes povos – tanto dentro quanto fora de um mesmo país – dificultava relações comerciais diversas. No século XVIII, a França propôs uma padronização de unidades, a qual enfrentou muita resistência por parte da população, que insistia em continuar usando as unidades habituais locais. No Brasil, o enfrentamento à padronização do sistema de unidades para a grandeza **massa** culminou nas Revoltas dos Quebra-Quilos, que se iniciaram no Nordeste, na Paraíba, em 1874, e se difundiram por outros estados da região, sendo contidas apenas pela força das tropas federais.

Foi no século XX, mais precisamente em 1960, que o primeiro sistema proposto na França foi substituído por um mais completo e rigoroso, o **Sistema Internacional de Unidades (SI)**. Apenas em 1962, o SI foi adotado no Brasil. No entanto, a adoção só foi ratificada pelo Conselho Nacional de Metrologia, Normalização e Qualidade Industrial (Conmetro) em 1988. A fiscalização do SI cabe ao Instituto Nacional de Metrologia, Normalização e Qualidade Industrial (Inmetro). Por sua vez, a Conferência Geral de Pesos e Medidas (CGPM) tem como atribuição definir o padrão das medidas.

Verificação do aprendizado

Para saber mais sobre as Revoltas dos Quebra-Quilos, recomendamos a leitura do artigo:

LIMA, V. de O. Revoltas dos Quebra-Quilos. Levantes
   contra a imposição do Sistema Métrico Decimal. In:
   ENCONTRO REGIONAL DE HISTÓRIA DA ANPUH-RIO,
   15., 2012, São Gonçalo. **Anais...** São Gonçalo: ANPUH-
   Rio, 2012. Disponível em: <http://www.encontro2012.
   rj.anpuh.org/resources/anais/15/1338335004_ARQUIVO_
   ANPUHRevoltas-Textofinal.pdf>. Acesso em: 12 jun. 2020.

1.1.3 Medidas de comprimento

O metro já foi representado por uma barra de platina e irídio medindo a quadragésima milionésima parte do meridiano terrestre – ou seja, o comprimento do meridiano dividido por 40 000 000 – e 25,3 mm de espessura. Esse padrão materializado não é mais utilizado, uma vez que, com o passar dos anos, seu tamanho vinha sofrendo alterações por fatores externos, como a variação de temperatura. Mais tarde, no ano de 1983, foi proposta uma nova definição para a unidade, com base na velocidade da luz. Essa versão considerava o metro como a distância percorrida pela luz, no vácuo, durante o tempo de $\left(\dfrac{1}{299792458}\right)$ s.

Figura 1.3 – Barra de irídio e platina que definia metro

Diferentes instrumentos são utilizados para medir a grandeza comprimento, como régua, trena, fita métrica, paquímetro, micrômetro. Alguns desses podem apresentar diferentes unidades simultaneamente, facilitando a conversão de uma unidade a outra. De qualquer forma, conhecendo a equivalência, é possível converter valores de uma unidade para outra utilizando a regra de três simples. No Quadro 1.2 apresentamos algumas equivalências, todas em relação ao metro.

Quadro 1.2 – Exemplos de unidades, com seus símbolos e suas equivalências, para a grandeza comprimento

Grandeza	Unidade	Símbolo	Equivalência
Comprimento	quilômetro	km	1 km = 1 000 m
	centímetro	cm	1 m = 100 cm
	milímetro	mm	1 m = 1 000 mm
	micrômetro	μm	1 m = 1 000 000 μm

Apesar de pouco conhecida por pessoas comuns, existe uma unidade muito utilizada em escala atômica e também usada em medições na biologia – como para as dimensões de lipídios, proteínas e vírus. Trata-se do **ångström**, cujo símbolo é Å:

$$1 \text{ Å} = 1 \cdot 10^{-10} \text{ m} = 0{,}0000000001 \text{ m}$$

Figura 1.4 – Medidas diversas em ångström

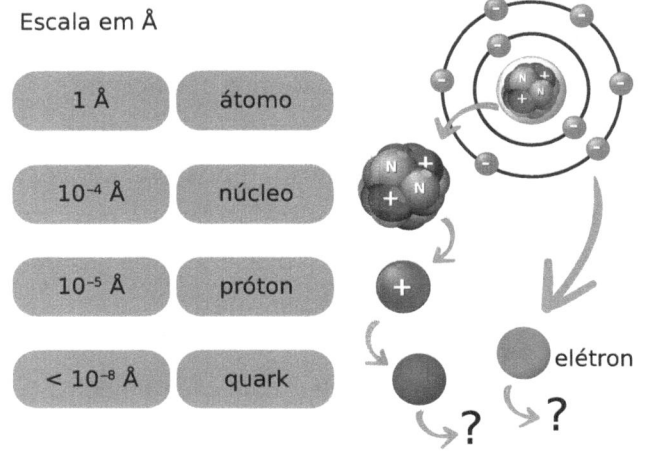

Fonte: IAG, s. d.

1.1.4 Medidas de massa

No caso do quilograma, o padrão foi definido com base em um volume de água, materializado em um cilindro de platina e irídio, em 1889. No entanto, em razão da variação de massa dessa peça, buscou-se uma melhor estratégia para definir esse importante padrão. Em 2018, na 26ª Conferência Geral de Pesos e Medidas, realizada em Versalhes, redefiniu-se o quilograma com base em uma constante da natureza, abandonando-se o padrão materializado. Embora essa mudança, que entrou em vigor em 20 de maio de 2019, não tenha implicações diretas em nossa vida cotidiana, para a ciência, ela garante mais precisão às medições referentes à massa.

Atualmente o quilograma é definido pela constante de Planck, a qual está relacionada à energia e à frequência das radiações eletromagnéticas.

Figura 1.5 – Antigo padrão físico do quilograma

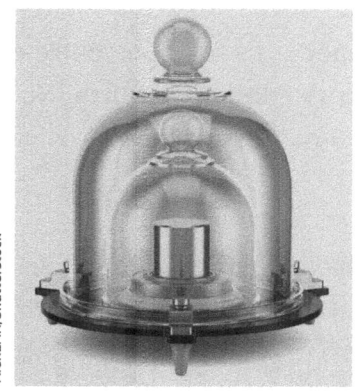

AlexLMX/Shutterstock

 Verificação do aprendizado

Para saber mais sobre a medição da massa de prótons, recomendamos a leitura do artigo:

BALANÇA mais sensível do mundo pesa um único próton. **Inovação Tecnológica**. 5 abr. 2012. Disponível em: <https://www.inovacaotecnologica.com.br/noticias/noticia.php?artigo=balanca-mais-sensivel-mundo-pesa-proton&id=010165120405#.XrBpaUzQi02>. Acesso em: 12 jun. 2020.

Para medir a grandeza massa, utilizamos as balanças como instrumento. Existem diversas balanças para diferentes necessidades. Durante muito tempo foi utilizada a balança de dois pratos ou com prato único. Depois, surgiram as balanças eletrônicas. A evolução constante desse instrumento possibilita que pesquisadores obtenham até mesmo a massa de um único próton.

Como diferentes instrumentos empregam unidades adequadas às suas necessidades de leitura específicas, é importante conhecer as relações entre elas para se proceder à conversão de uma a outra. No Quadro 1.3 são apresentadas algumas equivalências, todas em relação ao quilograma.

Quadro 1.3 – Exemplos de unidades, com seus símbolos e suas equivalências, para a grandeza massa

Grandeza	Unidade	Símbolo	Equivalência
Massa	tonelada	t	1 t = 1 000 kg
	grama	g	1 kg = 1 000 g
	miligrama	mg	1 kg = 1 000 000 mg
	micrograma	µg	1 kg = 1 000 000 000 µg

Ainda que não pertençam ao SI, algumas unidades estão presentes em nosso cotidiano, em embalagens diversas, como a libra (lb) e a onça (oz). No entanto, conhecendo a relação de conversão e utilizando a regra de três simples, podemos obter sua equivalência na unidade quilograma (kg).

$$1 \text{ lb} = 450 \text{ g} = 0{,}45 \text{ kg}$$

$$1 \text{ oz} = 28 \text{ g} = 0{,}028 \text{ kg}$$

1.1.5 Medidas de tempo

Entre todas as grandezas, o tempo é a que apresenta os registros mais remotos de tentativa de medição. Os egípcios, desde 2000 a.C., já utilizavam o movimento do Sol e da Lua para mensurar a passagem do tempo. Gregos e outros povos propuseram a divisão do dia de forma sexagesimal, ou seja, dividindo-o em 60 partes.

Figura 1.6 – Diferentes tipos de relógio

O movimento de rotação da Terra, que também foi utilizado para definir a unidade **segundo**, foi superado, pois apresenta muita imprecisão – ao longo de um ano, a duração do dia sofre variações.

Figura 1.7 – Relógio atômico

Dessa forma, em 1967, um padrão atômico foi utilizado para redefinir a grandeza tempo. Nessa proposta, o segundo está relacionado à 9 192 631 770 períodos de duração da transição de um elétron entre dois níveis hiperfinos de energia do átomo de césio 133, quando este está à temperatura de –273,15 °C (zero absoluto).

1.1.6 Outras medidas importantes

Assim como o metro (m), o quilograma (kg) e o segundo (s), outras unidades também tiveram padrões alterados.

No caso do ampere (A), unidade para intensidade de corrente elétrica, a nova definição foi proposta em função da carga elétrica elementar. Na medição da temperatura, por exemplo, o kelvin (K) atualmente é calculado com base na constante de Boltzmann, que relaciona temperatura e energia das moléculas.
O pesquisador Felix Sharipov da Universidade Federal do Paraná (UFPR) contribuiu de maneira importante para essa redefinição. Por sua vez, o mol (mol), unidade de quantidade de matéria, é definido em função do número de Avogadro, outra importante constante para a ciência. Por mim, a definição de candela (cd), unidade de intensidade luminosa, é feita com base na luminosidade perpendicular de uma superfície de (1/600 000) m² de um corpo negro à temperatura de congelamento da platina sob pressão de 101 325 Pa.

Todas as demais unidades de medida são combinações entre as sete unidades fundamentais, como exposto no Quadro 1.4.

Quadro 1.4 – Unidades de medida derivadas das sete unidades fundamentais

Grandeza	Definição	Unidade de medida no SI
Velocidade	$v = \dfrac{\Delta s}{\Delta t}$	$m/s = m \cdot s^{-1}$
Força	$F_R = m \cdot a$	$kg \cdot m/s^2 = kg \cdot m \cdot s^{-2}$
Energia	$E_{pg} = m \cdot g \cdot h$	$kg \cdot m/s^2 \cdot m = kg \cdot m^2/s^2 = kg \cdot m^2 \cdot s^{-2}$
Pressão	$P = \dfrac{F}{A}$	$Kg \cdot m/(s^2 \cdot m^2) = kg/m \cdot s^2 = kg \cdot m^{-1} \cdot s^{-2}$

Verificação do aprendizado

Sobre a contribuição do Professor Felix Sharipov, do Departamento de Física da Universidade Federal do Paraná (UFPR), para a redefinição da unidade de temperatura kelvin, recomendamos o seguinte texto:

VALGINHAK, V. F. Professor da UFPR contribui para nova definição de unidade de temperatura internacional; livros didáticos de Física devem sofrer alterações. **Universidade Federal do Paraná**. 27 nov. 2018. Ciência e Tecnologia. Disponível em: <https://www.ufpr.br/portalufpr/noticias/professor-da-ufpr-contribui-para-nova-definicao-de-unidade-de-temperatura-internacional-livros-didaticos-de-fisica-devem-sofrer-alteracoes/>. Acesso em: 14 jun. 2020.

1.1.7 Precisão nas medidas

No nosso cotidiano, mesmo sem nos darmos conta, fazemos medições diversas para estimar, por exemplo, a velocidade dos automóveis para atravessar a rua em segurança, a altura de construções, a pressão dos pneus a serem calibrados, a temperatura do corpo humano, a pressão arterial, a energia elétrica gasta nas residências; também relacionamos grandezas, analisando sua dependência e sua proporcionalidade.

Figura 1.8 – Aferição da pressão arterial

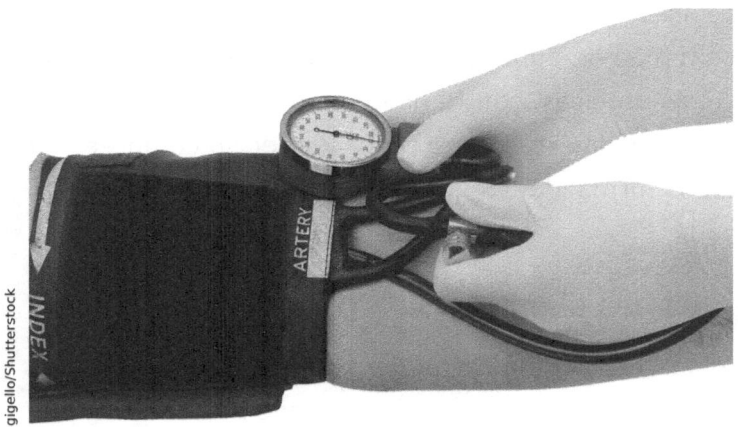

Um bom exemplo é quando questionamos a relação entre a temperatura do asfalto e a pressão no interior do pneu de um automóvel, pois essa relação pode resultar até mesmo na explosão deste.

Figura 1.9 – Pneu que explodiu em razão da elevação de temperatura e pressão em seu interior

Na tentativa de estudar mais detalhadamente diferentes relações entre grandezas, pesquisadores lançam mão de equações matemáticas e medições cada vez mais precisas, contribuindo com o aprimoramento de tecnologias diversas. Para tanto, é preciso compreender algumas formalidades, as quais serão detalhadas a seguir.

Algarismos significativos

Imagine que, por algum motivo, alguém precisa medir as dimensões de um livro empregando para isso uma régua, conforme a Figura 1.10.

Figura 1.10 – Medição do comprimento de um livro com precisão em centímetros

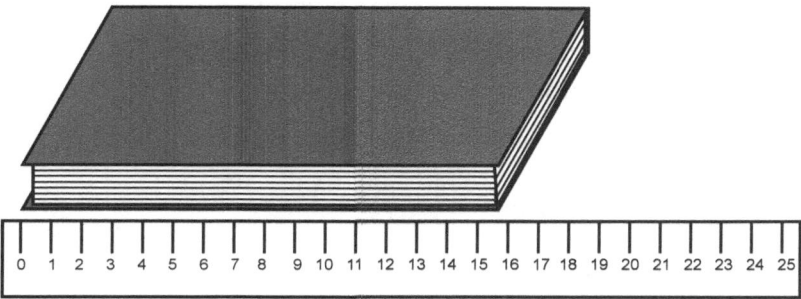

Ao observar a figura, note que a régua, mesmo sendo graduada em centímetros (cm), apresenta uma limitação. É possível ter certeza de que o comprimento do livro está entre 15 cm e 16 cm, mas, como não há uma subdivisão entre as marcações de centímetro, de forma imaginária, é preciso dividir o espaço vazio em 10 partes e estimar até que ponto o livro chega. Nesse exemplo, é razoável admitir que o comprimento do livro seja de 15,7 cm. Sendo assim, os algarismos "1" e "5" são considerados precisos, ao passo que o algarismo "7" é duvidoso.

No entanto, os três algarismos são chamados **algarismos significativos**, ou seja, a medida 15,7 cm possui três algarismos significativos.

Examine outros exemplos:

- Determinada bactéria tem dimensão igual a 0,0000025 m (2,5 · 10^{-6} m = 2,5 μm); ou seja, essa medida tem dois algarismos significativos.

- Na Química, um valor muito importante é o número de Avogadro. Essa quantidade indica quantos átomos ou moléculas existem em 1 mol de determinada substância, que vale 6,022 · 10^{23} (602 200 000 000 000 000 000 000). Esse valor apresenta quatro algarismos significativos.

Notação científica

Nos exemplos anteriores, você pôde perceber que alguns números estavam acompanhados por potência de base 10. Essa é uma estratégia para escrever de forma simplificada valores muito grandes ou muito pequenos. Trata-se da chamada **notação científica**. Para escrever um número nessa notação, deve-se deixar o valor que antecede a potência e a multiplica entre 1 e 10 – podendo ser 1 –; já o expoente da base 10 deve corresponder a um número inteiro. Parece complicado, mas os dois exemplos expostos no boxe Simulações esclarecerão isso.

Simulações

1. Estima-se que a distância aproximada entre o planeta Terra e o Sol seja de 144 000 000 000 m. Como você pode perceber, trata-se de um valor relativamente grande, cuja escrita podemos reduzir lançando mão da notação científica. Para isso, a vírgula deve ser deslocada até posicionar-se de forma a apresentar um número entre 1 e 10. Nesse exemplo, a vírgula deve

ficar entre os algarismos "1" e "4", ou seja, ela terá de ser deslocada 11 casas decimais. Esse último valor fará parte da potência que acompanha o número. Toda vez que a vírgula é deslocada para a direita, deve-se retirar o valor do expoente e, quando é movimentada para a esquerda, deve-se acrescentá-lo ao expoente:

$$144\underbrace{000\ 000\ 000}_{(11\ casas)}\ m = 1,44 \cdot 10^{11}\ m$$

2. Com base em uma experiência, Millikan (Santos, 2002) realizou uma importante medição na área da eletricidade, a carga elétrica elementar de um elétron, tendo obtido o valor de 0,00000000000000000016 C. Objetivando-se escrever esse número de forma reduzida, é possível convertê-lo em notação científica. Novamente, é necessário mudar a vírgula de posição até o número que antecederá a potência estar entre 1 e 10, ou seja, entre os algarismos "1" e "6". Para que isso aconteça, a vírgula tem de ser deslocada 19 casas decimais para a direita:

$$0,\underbrace{0000000000000000001}_{(19\ casas)}6\ C = 1,6 \cdot 10^{-19}\ C$$

Outra estratégia utilizada para simplificar a expressão das medidas é usar prefixos nas unidades de medida. No Quadro 1.5, apresentamos alguns prefixos, o símbolo associado a eles, o fator que representam, seu valor e alguns exemplos de aplicação.

Quadro 1.5 – Prefixos mais utilizados, seu símbolo correspondente, o fator e o valor que representam e um exemplo de aplicação

Prefixo	Símbolo	Fator	Valor	Exemplo de utilização
tera	T	10^{12}	1 000 000 000 000	Processadores modernos podem ter capacidade de armazenamento de 1 000 000 000 000 bytes. Esse valor pode ser escrito como $1 \cdot 10^{12}$ B ou, quando se utiliza o prefixo, como 1 TB.
giga	G	10^9	1 000 000 000	Em janeiro de 2018, o Brasil alcançou uma marca histórica na produção de energia solar, com potência de 1 000 000 000 W. Esse valor pode ser escrito como $1 \cdot 10^9$ W ou, quando se utiliza o prefixo, como 1 GW.
mega	M	10^6	1 000 000	Em Curitiba, determinada estação de rádio opera com a frequência de 100 300 000 Hz. Esse valor pode ser escrito como $100,3 \cdot 10^6$ Hz ou, quando se utiliza o prefixo, como 100,3 MHz.
quilo	k	10^3	1 000	A massa de determinada pessoa é de 65 000 g. Esse valor pode ser escrito como $65 \cdot 10^3$ g ou, quando se utiliza o prefixo, como 65 kg.

(continua)

(Quadro 1.5 – conclusão)

Prefixo	Símbolo	Fator	Valor	Exemplo de utilização
centi	c	10^{-2}	0,01	Uma caneta tem comprimento 0,135 m. Esse valor pode ser escrito como $13,5 \cdot 10^{-2}$ m ou, quando se utiliza o prefixo, como 13,5 cm.
mili	m	10^{-3}	0,001	Na embalagem de certo medicamento consta que há 0,500 g de paracetamol. Esse valor pode ser escrito como $500 \cdot 10^{-3}$ g ou, quando se utiliza o prefixo, como 500 mg.
micro	µ	10^{-6}	0,000001	Um condutor foi carregado com carga elétrica de 0,000005 C. Esse valor pode ser escrito como $5 \cdot 10^{-6}$ C ou, quando se utiliza o prefixo, como 5 µC.
nano	n	10^{-9}	0,000000001	Determinada distância molecular é estimada em 0,000000000177 m. Esse valor pode ser escrito como $0,177 \cdot 10^{-9}$ m ou, quando se utiliza o prefixo, como 0,177 nm.
pico	p	10^{-12}	0,000000000001	Os capacitores têm uma propriedade chamada *capacitância*. Certo capacitor tem capacitância igual a 0,000000000147 F. Esse valor pode ser escrito como $147 \cdot 10^{-12}$ F ou, quando se utiliza o prefixo, como 147 pF.

> **Verificação do aprendizado**
>
> LIMA, M. C. A.; ALMEIDA, M. J. P. M. de. Articulação de textos sobre nanociência e nanotecnologia para a formação inicial de professores de física. **Revista Brasileira de Ensino de Física**, São Paulo, v. 34, n. 4, p. 1-9, dez. 2012. Disponível em: <https://www.scielo.br/pdf/rbef/v34n4/a19v34n4.pdf>. Acesso em: 14 jun. 2020.

1.2 Escalas linear e logarítmica

Em várias situações, nas ciências da natureza, grandezas como massa, tempo, temperatura, energia, pressão e corrente elétrica podem estar inter-relacionadas. Isso quer dizer que uma pode afetar a outra. Tais relações, chamadas *funções*, podem ser de vários tipos e são representadas em gráficos. Na construção destes, é fundamental atentar para a escala utilizada, a fim de que o gráfico não seja interpretado de forma incorreta e/ou equivocada. Vamos, agora, aprofundar-nos em dois tipos de função: a linear (ou aritmética) e a logarítmica.

1.2.1 Escala linear

A **escala linear (ou aritmética)** é relativamente mais simples de ser interpretada ou construída. Isso ocorre porque a escala, ou seja, a distância entre os pontos nos eixos x e y, é sempre proporcional a um mesmo valor. Isso, na prática, quer dizer que os valores sempre aumentarão ou diminuirão na mesma quantidade.

A Tabela 1.1 mostra dados sobre o crescimento de uma população de microrganismos a partir de certo instante (t = 0).

Tabela 1.1 – Contagem de microrganismos no decorrer do tempo

Contagem da população de microrganismos (centenas de unidades)	5	9	13	17	21	25
Tempo (h)	0	2	4	6	8	10

Considerando os dados da Tabela 1.1, é possível fazer algumas análises interessantes. Repare que, a cada 2 h, a contagem da população de microrganismos aumenta sempre 400 unidades (atente para a unidade de medida, que, neste caso, são centenas de unidades, ou seja, você deve multiplicar o valor que consta na tabela por 100). Usando esse parâmetro, é possível prever a população de microrganismos para tempos que não estão tabulados. Ainda, tal observação permite estimar a velocidade com que a quantidade de microrganismos aumenta: 200 unidades/hora.

1.2.2 Escala logarítmica

Para estimar certas grandezas, é necessário usar logaritmos, como é o caso do nível de intensidade sonora, do pH de uma solução, do tempo de desintegração de amostras radioativas, da magnitude de tremores de terra (escala Richter), entre outros tantos. Por esse motivo, é importante conhecer como a **escala logarítmica** se estabelece e como interpretá-la.

Diferentemente da escala linear, em que o valor da grandeza é levado em consideração na análise dos dados, na escala logarítmica, faz-se uso do logaritmo da grandeza. O emprego de escalas logarítmicas facilita a visualização de dados no caso de uma grande gama de valores, possibilitando até mesmo uma análise mais detalhada.

Na escala logarítmica há a multiplicação por 10 ou por potência de 10. Por se tratar de uma operação com logaritmos, os resultados não podem assumir valores negativos, como é possível deduzir por sua definição:

$$\log a = x, \text{ logo } a = 10^x, \text{ sendo } a > 0$$

Para se construir uma escala logarítmica, é necessário dividir um dos eixos do plano cartesiano em partes proporcionais aos valores dos logaritmos dos números na base 10, ou seja, a distância entre dois valores consecutivos, em um dos eixos, é sempre um múltiplo do valor 10.

Um exemplo de aplicação da escala logarítmica é a **escala Richter**, utilizada para mensurar e comparar as intensidades de diferentes terremotos. Nesse caso, em especial, um tremor de terra de escala 2 é 10 vezes mais forte que um abalo de escala 1, bem como é 1000 vezes mais fraco que um terremoto de grau 5 e assim sucessivamente.

A Tabela 1.2 apresenta dados para duas grandezas A e B. Perceba como a amplitude dos valores de B é muito grande, razão pela qual sua análise pode ficar comprometida. Nesse caso, aplicando-se o logaritmo na grandeza B, ocorre uma redução dos valores na terceira coluna. Outra observação importante é que, depois de aplicar o logaritmo nos valores B, é possível verificar uma linearidade nesses dados, ou seja, há um aumento de 0,24 entre os valores, transformando-os em uma escala linear.

Tabela 1.2 – Dados de duas amostras e a utilização da função logarítmica

A	B	log B
0,00	4,0	0,60
0,25	6,9	0,84
0,50	12,0	1,08
0,75	20,7	1,32
1,00	36,0	1,56
1,25	62,4	1,79
1,50	108,0	2,03
1,75	187,1	2,27
2,00	324,0	2,51
2,25	561,2	2,75

(continua)

(Tabela 1.2 – conclusão)

A	B	log B
2,50	972,0	2,99
2,75	1683,6	3,23
3,00	2916,0	3,46

Uma análise mais aprofundada das Tabelas 1.1 e 1.2 será empreendida na próxima seção, que vai tratar dos gráficos dessas escalas.

Verificação do aprendizado

Para saber mais sobre a escala Richter, recomendamos acessar a página:

O QUE é escala Richter?. **Meio Ambiente – Cultura Mix**. Disponível em: <https://meioambiente.culturamix.com/natureza/o-que-e-escala-richter>. Acesso em: 14 jun. 2020.

1.3 Gráficos

Muitos dados e informações podem ser organizados e apresentados mediante gráficos de formatos variados. A utilização destes está associada à possibilidade de tornar mais fácil, rápida, clara e objetiva a interpretação das informações coletadas.

Vamos retomar o exemplo da Tabela 1.1, que apresenta dados sobre a contagem de uma população de microrganismos.

Nesse caso, a população de microrganismos era, no início da contagem, de 500 unidades. Esse valor inicial e fixo é chamado de *coeficiente linear* e é representado pela letra *b*. À medida que o mesmo intervalo de tempo passa, a população aumenta sempre na mesma quantidade. O aumento, no caso, é de 400 microrganismos a cada 2 horas ou, ainda, 200 microrganismos por hora. Essa taxa constante é chamada de *coeficiente angular* e é representada pela letra *a*. É possível expressar a relação proposta pela tabela utilizando a **lei da função matemática**, que, nesse caso, tem formato: $y = f(x) = a \cdot x + b$.

Substituindo os valores de *a* e *b* pelos do exemplo em análise, obtemos a função:

$$F(x) = 200 \cdot x + 500$$

Nela, *f(x)* representa o crescimento da população de microrganismos (em unidades) e *x*, o tempo (em horas).

Finalmente podemos relacionar as informações da Tabela 1.1 por meio do Gráfico 1.1.

Gráfico 1.1 – População *versus* tempo

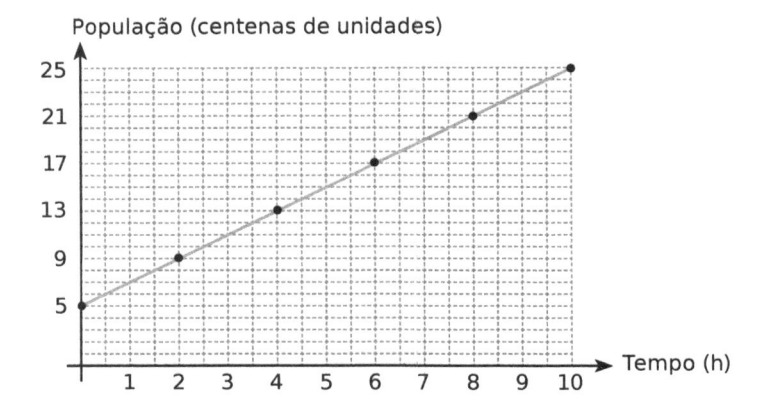

População (centenas de unidades)

[Gráfico de linha mostrando pontos em (1,5), (3,9), (4,13), (6,17), (8,21), (10,25) — eixo x: Tempo (h)]

Além desse formato de gráfico, há muitos outros que atendem a necessidades específicas para a interpretação adequada.

O Gráfico 1.2 utiliza barras que facilitam a interpretação por comparação entre as variáveis, mostrando em qual região do país a taxa de mortalidade infantil é maior ou em qual é menor.

Gráfico 1.2 – Taxas de mortalidade infantil por região brasileira em 2013

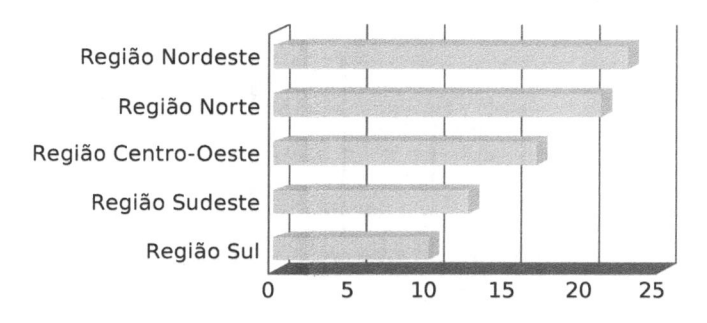

Região	
Região Nordeste	~23
Região Norte	~21
Região Centro-Oeste	~14
Região Sudeste	~13
Região Sul	~10

Eixo: 0 5 10 15 20 25

Fonte: IBGE, citado por Pena, [S.d.]

Como você pode observar, os gráficos facilitam a interpretação de grandezas diversas. O Gráfico 1.3, por exemplo, possibilita interpretar muitos dados simultaneamente. Nele, podemos rapidamente avaliar, em cada bioma, quais são os vetores que mais apresentam riscos para a extinção da fauna. Nesse exemplo específico, fica evidenciado que a agropecuária não é o principal vetor em todos os biomas, mas que atinge a maioria deles. Ainda interpretando essa representação, podemos averiguar que a mineração não faz tantos estragos no que se refere à extinção da fauna, ficando bem abaixo de outros vetores. Muitas outras conclusões são possíveis pela riqueza de informações que esse tipo de gráfico apresenta.

Gráfico 1.3 – Vetores importantes para o risco de extinção da fauna por bioma

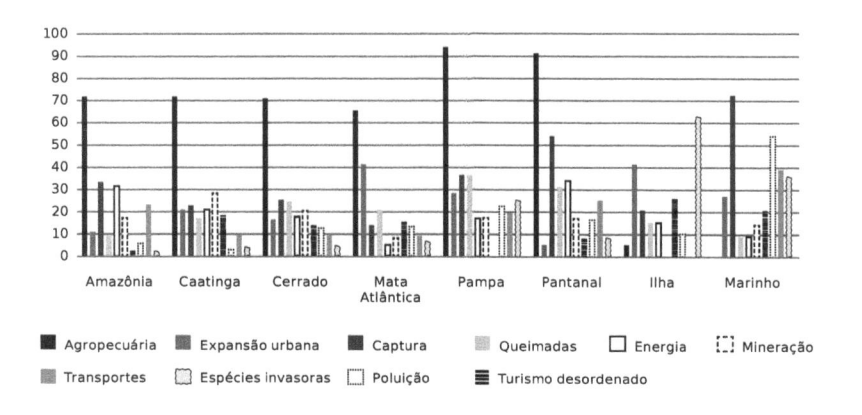

[gráfico de barras com eixo y de 0 a 100, categorias no eixo x: Amazônia, Caatinga, Cerrado, Mata Atlântica, Pampa, Pantanal, Ilha, Marinho]

Legenda: Agropecuária — Expansão urbana — Captura — Queimadas — Energia — Mineração — Transportes — Espécies invasoras — Poluição — Turismo desordenado

Fonte: Santini, 2014.

Para a análise de qualquer representação gráfica, é importante avaliar com atenção as legendas que os acompanham e as cores que as representam. Fazendo-se isso, não se corre o risco de interpretar as informações de maneira precipitada ou incorreta.

Por fim, sem desconsiderar a importância de outros tipos de representação gráfica, apresentamos o gráfico de setores, popularmente chamado de *gráfico de pizza*. Nesse caso, a análise dos dados pode ser simplificada pela comparação entre as áreas dos setores.

O Gráfico 1.4 apresenta dados sobre o desmatamento da Amazônia ao longo de 8 anos.

Gráfico 1.4 – Desmatamento na Amazônia de 2001 a 2008

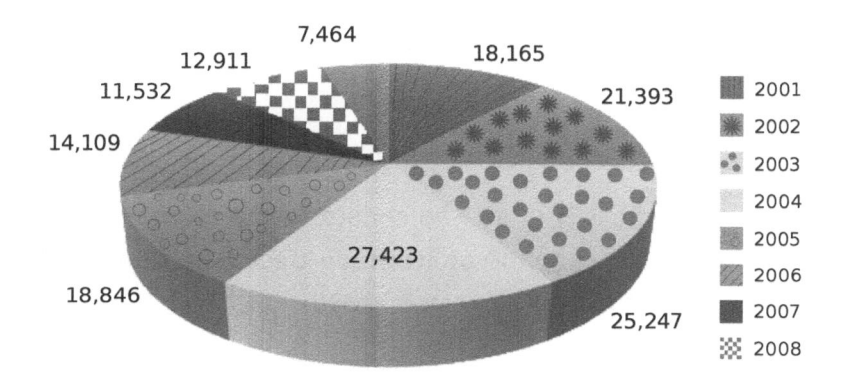

[Gráfico de setores com os valores: 11.532 (2001); 12.911 (2002); 7.464 (2003); 18.165 (2004); 21.393 (2005); 14.109; 18.846; 27.423; 25.247; 2006; 2007; 2008]

Fonte: Vieira et al., 2010.

A facilidade na interpretação do gráfico de setores está na rápida comparação entre as áreas que cada dado ocupa. O maior setor, no caso do Gráfico 1.4, representa o ano de 2004; ou seja, nesse ano os índices de desmatamento foram os maiores no período de 2001 a 2008.

1.4 Decaimento e crescimento exponenciais

Vários fenômenos da natureza estão sujeitos a um crescimento proporcional a seu próprio tamanho. Na prática, apresentam uma taxa de crescimento ou decaimento que não depende de uma constante exponencial fixa, mas da interação entre uma constante de crescimento ou decaimento e outra variável. Esse tipo de função é chamado de **exponencial** e é expresso conforme a Equação 1.1.

Equação 1.1

$$y(x) = y_0 \cdot e^{kx}$$

Na Equação 1.1, y_0 e k são constantes, x é uma variável e e corresponde ao **número de Euler**, que equivale a aproximadamente 2,71828.

1.4.1 Decaimento exponencial

Há uma análise importante a ser feita a respeito da Equação 1.1:

se $k < 0$, então $y(x)$ terá um decaimento exponencial, ou seja, $y(x)$ será menor que y_0.

Nesse caso, o Gráfico 1.5 representa essa função, em que y_0 é obtido com $x = 0$.

Gráfico 1.5 – Exemplo de função com decaimento exponencial

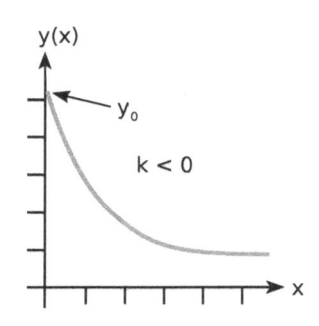

[Gráfico: curva de decaimento exponencial com y_0 no eixo y(x), $k < 0$]

Um exemplo da aplicação dessa função está nos elementos radioativos que apresentam decréscimo de massa após emissão espontânea da radiação.

É possível estimar a quantidade de massa que resta em uma amostra que inicialmente tem massa m_0 após certo tempo t. Nesse caso, o decréscimo exponencial da massa do elemento radioativo é dado pela função expressa na Equação 1.2.

Equação 1.2

$$m(t) = m_0 \cdot e^{kt}$$

A constante k é específica para cada situação. Em muitos casos, é comum calcular a meia-vida de elementos radioativos, ou seja, o tempo necessário para restar apenas metade da amostra.

Simulações

1. Considere uma amostra com 400 mg de elementos radioativos que têm meia-vida igual a 1 000 anos.

a) Determine a função que relaciona a massa remanescente do elemento radioativo em questão, após t anos:

Resolução: para estabelecer a função, é preciso deduzir o valor da constante k. Na função geral (Equação 1.2), deve-se substituir m(t), que, nesse exemplo, vale $\frac{m_0}{2}$, já que o enunciado fornece o tempo de meia-vida, ou seja, $t = 1\,000$:

$$\frac{m_0}{2} = m_0 \cdot e^{k \cdot 1000}$$

É possível simplificar m_0 por estar presente em ambos os lados do sinal de igual, obtendo:

$$\frac{1}{2} = e^{k \cdot 1000}$$

Para tirar a incógnita k do expoente, emprega-se o logaritmo, aplicando-o em ambos os lados da igualdade:

$$\log \frac{1}{2} = \log(e^{k \cdot 1000})$$

Substituindo o valor de $\log\left(\frac{1}{2}\right)$ e usando a propriedade de logaritmo para potência, obtém-se:

$$-0{,}301 = k \cdot 1\,000 \cdot \log e$$

Nessa etapa, elimina-se o logaritmo substituindo-se o valor de log e:

$$-0{,}301 = k \cdot 1\,000 \cdot 0{,}43429$$

Isolando k, obtém-se:

$$k = -0{,}0006931 = -6{,}93 \cdot 10^{-4}$$

Sendo assim, a função que relaciona massa e tempo nesse exemplo é:

$$m(t) = m_0 \cdot e^{kt}$$
$$m(t) = 400 \cdot e^{-0{,}000693 \cdot t}$$

b) Qual será a massa remanescente do elemento radioativo, em mg, depois de 100 anos?
Resolução: uma vez organizada a função, basta substituir o tempo proposto pelo enunciado:

$$m(100) = 400 \cdot e^{-0{,}000693 \cdot 100}$$
$$m(100) = 400 \cdot e^{-0{,}0693}$$
$$m(100) = 400 \cdot 0{,}933$$
$$m(100) = 373{,}2 \text{ mg}$$

1.4.2 Crescimento exponencial

Analisando a Equação 1.1, é possível estabelecer importantes relações:

se $k > 0$, então $y(x)$ terá um crescimento exponencial, ou seja, $y(x)$ será maior que y_0.

Nesse caso, o Gráfico 1.6 representa essa função, em que y_0 é obtido com $x = 0$.

Gráfico 1.6 – Exemplo de função com crescimento exponencial

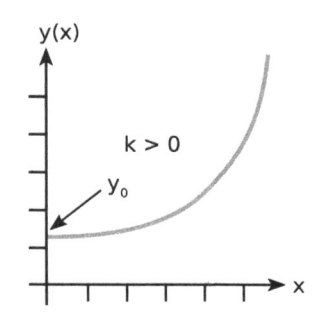

Como exemplo, pode-se analisar o crescimento populacional de algumas comunidades. Nesse caso, o objetivo é estimar a população p(t), com base em uma população inicial (p_0), em certo instante t, como mostra a Equação 1.3.

Equação 1.3

$$p(t) = p_0 \cdot e^{kt}$$

A constante *k* é específica para cada situação.

Simulações

Uma colônia apresenta microrganismos cujo crescimento é proporcional à quantidade inicial. Sabendo que, para t = 0, há 100 microrganismos e que a quantidade dobrou em 10 minutos, estime o tempo necessário para que a população chegue em 5 000 microrganismos.

Resolução: analisando o enunciado, é possível deduzir a equação que representa o crescimento dos microrganismos, pois $p_0 = 100$, $t = 10$, $p = 200$:

$$200 = 100 \cdot e^{k \cdot 10}$$
$$2 = e^{k \cdot 10}$$
$$\log 2 = \log e^{k \cdot 10}$$
$$0,301 = k \cdot 10 \cdot \log e$$
$$0,301 = k \cdot 10 \cdot 0,4343$$
$$0,301 = k \cdot 4,343$$
$$\frac{0,301}{4,343} = k$$
$$k = 0,0693$$

Dessa forma, obtém-se a seguinte equação:

$$p(t) = 100 \cdot e^{0,0693 \cdot t}$$

Agora, pode-se calcular o tempo necessário para que a colônia tenha 5 000 microrganismos:

$$5\,000 = 100 \cdot e^{0,0693 \cdot t}$$
$$50 = e^{0,0693 \cdot t}$$
$$\log 50 = \log e^{0,0693 \cdot t}$$
$$1,699 = 0,0693 \cdot t(\log e)$$
$$1,699 = 0,0693 \cdot t \cdot 0,4343$$
$$1,699 = t \cdot 0,03$$
$$t = 56,6 \text{ min}$$

> **Para saber mais**
>
> Para conhecer mais sobre aplicações dos gráficos exponenciais recomendamos a leitura do seguinte material:
>
> DEDUÇÃO da Fórmula de Resfriamento de Newton.
> Introdução à Lei de Resfriamento de Newton – métodos computacionais. Disponível: <http://www.if.ufrgs.br/tex/fis01043/20011/Adriano/intro.html>. Acesso em: 15 jun. 2020.

1.5 Importância biológica e estrutura molecular da água

Em nosso planeta, a **água** está presente em todos os seres vivos, havendo variação de sua quantidade em cada sistema biológico. Essa importante molécula não é armazenada e produzida pelo organismo, razão pela qual precisa ser reposta várias vezes por dia.

Um adulto jovem tem aproximadamente 70% de água no total de seu peso, ao passo que um bebê tem, em média, 80%. Trata-se do solvente fundamental dos sistemas biológicos.

Figura 1.11 – Percentual de água no corpo humano em diferentes fases da vida

Feto	Bebê	Adulto	Idoso
100%	80%	70%	50%

As células são formadas por água, que também pode ser encontrada ao redor delas, no líquido extracelular. As células que mais contêm água são as que formam os músculos e as vísceras.

Figura 1.12 – Quantidade de água em algumas partes do corpo humano

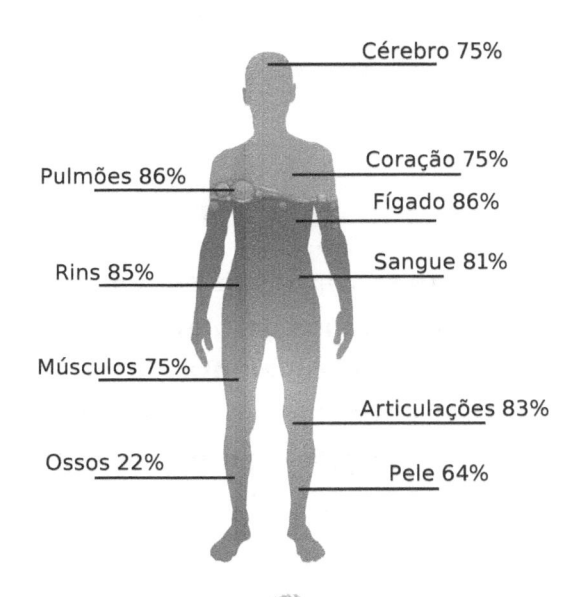

- Cérebro 75%
- Pulmões 86%
- Coração 75%
- Fígado 86%
- Rins 85%
- Sangue 81%
- Músculos 75%
- Articulações 83%
- Ossos 22%
- Pele 64%

A água pode ser encontrada nos **estados sólido**, **líquido** e **gasoso**, a depender de variáveis como temperatura e pressão. Nesses diferentes estados, as moléculas se organizam de maneira mais ou menos próxima, como se observa na Figura 1.13.

Figura 1.13 – Estados físicos da água

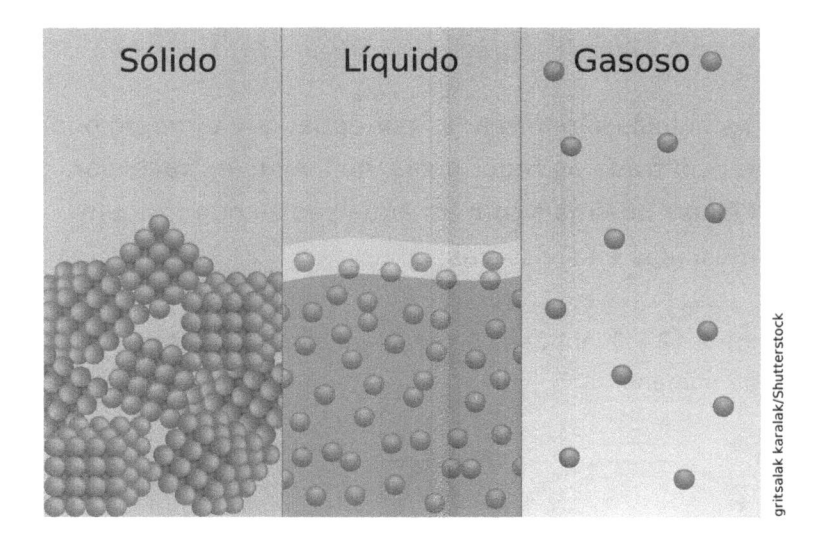

gritsalak karalak/Shutterstock

1.5.1 A molécula da água

A **molécula da água** é constituída por **um átomo de oxigênio** e **dois átomos de hidrogênio** que se unem por ligações do tipo **covalente**. Como o elemento oxigênio tem seis elétrons na camada de valência, pela regra do octeto, são necessários mais dois elétrons para garantir sua estabilidade. Por sua vez, o hidrogênio apresenta apenas um elétron, precisando de outro, já que tem apenas a camada K e o orbital s. Dessa forma, acontece o compartilhamento de um par de elétrons entre o oxigênio e os hidrogênios, conforme a Figura 1.14.

Figura 1.14 – Esquema da molécula da água

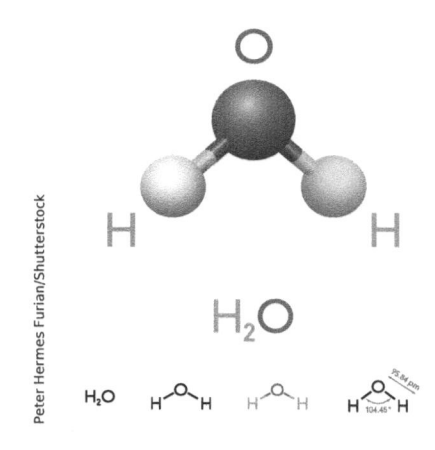

Peter Hermes Furian/Shutterstock

Considerando-se suas ligações, a molécula de água é classificada como assimétrica – essas ligações fazem entre si um ângulo de 104,45°. Assim como o metano, a molécula da água tem formato tetraédrico. Seu raio atômico é considerado muito pequeno, com valor médio aproximado de 3 Å (3 · 10^{-10} m = 0,0000000003 m).

A água é um **composto polar**. Isso significa que o polo positivo do hidrogênio de uma molécula é atraído pelo polo negativo do oxigênio de outra, graças à atração eletrostática, chamada de *ligação de hidrogênio* ou *ponte de hidrogênio*. Essas ligações podem ser observadas no esquema da Figura 1.15.

Esse tipo de ligação, apesar de ser um dos mais fortes entre as forças fracas da natureza, é muito instável. Para dissociar uma ponte de hidrogênio, no caso da água, faz-se necessária uma quantidade de energia de 23 kJ/mol, ao passo que, para a dissociação de uma ligação covalente, a energia necessária é de 470 kJ/mol.

Figura 1.15 – Ligações covalentes e ligações de hidrogênio

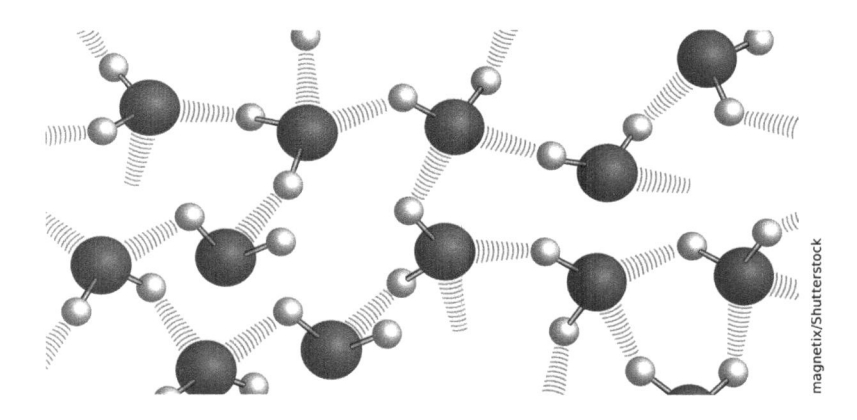

São as ligações de hidrogênio que favorecem os diferentes estados físicos da água, visto que elas garantem maior organização das moléculas e permitem a formação de água líquida à temperatura ambiente, assim como propiciam elevada temperatura de ebulição (100 °C).

1.5.2 Propriedades macroscópicas da água

Algumas propriedades específicas da água propiciam o funcionamento de diversos sistemas biológicos.

Descrevemos nas subseções a seguir suas principais características.

Densidade

A mudança de estado físico da água está associada a uma organização molecular tal que a densidade do gelo (0,9 g/cm^3) é menor que a da água líquida (1 g/cm^3). É por essa razão que o gelo flutua sobre a água líquida.

Figura 1.16 – Camada de gelo como isolante térmico em porções de água

É por essa propriedade que, no inverno, o gelo formado em grandes porções de água – como oceanos, lagos etc. – concentra-se na superfície. Nesse fenômeno, por ser um bom isolante térmico, o gelo se comporta

como um cobertor, garantindo que, abaixo dele, a água continue líquida, favorecendo a vida no ambiente.

Calor específico

O **calor específico** é uma importante grandeza física que mede a quantidade de calor necessária para variar em 1 °C a temperatura de uma massa de 1 g ou 1 kg de certa substância. A água é uma das substâncias com maior calor específico na natureza. No sistema usual de unidades, seu calor específico vale 1 cal/g °C, ou seja, para aquecer 1 g de água em 1 °C, é necessária 1 caloria (cal). Se considerarmos o SI, o valor será 4 186 J/kg.K, ou seja, para aquecer 1 kg de água em 1 °C, são necessários 4 186 J.

Observe no Quadro 1.6 que outras substâncias apresentam calor específico bem inferior ao da água.

Quadro 1.6 – Valores de calor específico para determinadas substâncias

Substância	Calor específico (cal/g °C)
Ar seco	0,250
Gorduras	0,460
Açúcar	0,280
Areia seca	0,220
Sal	0,210

Analisando as quantidades de calor específico para diferentes substâncias, é perceptível o alto valor daquele referente à água, o que se deve à presença das ligações de hidrogênio entre suas moléculas. Dessa forma, ao receber calor, a prioridade é a quebra dessas ligações e não a variação de temperatura; daí advém a grande resistência que a água possui a mudar de temperatura.

Uma consequência importante desse comportamento da água é a regulação contra bruscas variações de temperatura às quais os sistemas biológicos podem ser submetidos.

Calor latente de vaporização

Para que as substâncias mudem isotermicamente do estado líquido para o estado gasoso, é necessária uma quantidade de calor a cada unidade de massa, o que é chamado de *calor latente de vaporização*. No caso da água, o calor latente de vaporização vale 540 cal/g ou 2,26 kJ/g. Esse alto valor tem grande importância para os sistemas biológicos, evitando que a desidratação aconteça facilmente e colaborando para o controle da temperatura do corpo.

No caso de animais homeotermos – aqueles que têm a capacidade de manter constante a própria temperatura –, a evaporação de pouca quantidade de água faz o corpo perder grandes quantidades de calor, seja pelo suor, seja pela respiração.

Tensão superficial

As moléculas do interior do líquido atraem-se eletricamente de forma mútua, colaborando com a coesão intramolecular e com a estabilidade do sistema. As moléculas da superfície, por sua vez, são mais atraídas para o centro do líquido do que para o ar; isso ocorre porque, por terem menos partículas ao seu redor, apresentam maior energia potencial que o interior. Como consequência, para aumentar a superfície de um líquido, há a necessidade de se dispensar energia para transferir moléculas do interior para a superfície.

Figura 1.17 – Tensão superficial da água

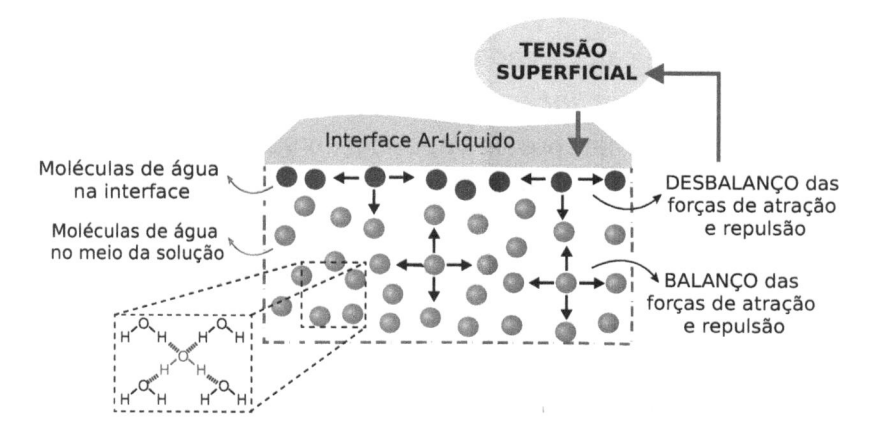

Fonte: Husmann, Orth, 2015, p. 826.

Dessa forma, a **tensão superficial** de um líquido é determinada pela força por unidade de comprimento suficiente para aumentar a área da superfície desse líquido. No entanto, alguns fatores, como a temperatura e as substâncias dissolvidas no líquido, influenciam sua tensão superficial.

Durante a respiração, quando o ser vivo inspira, o gás oxigênio precisa penetrar os alvéolos para ser transportado. A tensão superficial da água presente nos alvéolos dificulta o processo. Essa dificuldade é rompida por uma substância capaz de diminuir a tensão superficial, o surfactante. Dessa forma, é razoável concluir que a alta tensão superficial da água tem como consequência a dificuldade das trocas gasosas nos alvéolos pulmonares de animais vertebrados.

Viscosidade

A **viscosidade** corresponde à grandeza que mede a resistência encontrada por uma camada do fluido – líquido ou gás – para se mover sobre uma camada adjacente, ou seja, resulta do **atrito interno de um fluido**.
A viscosidade da água é baixa se comparada a de outros fluidos. Por ter muitas pontes de hidrogênio, ela poderia ter alto valor; no entanto, a contínua flutuação das pontes, em tempo bastante curto, contribui para que a água tenha baixa viscosidade. Uma importante consequência desse baixo valor é a facilitação das trocas hídricas dos organismos e da hemodinâmica.

Figura 1.18 – Viscosidade da água

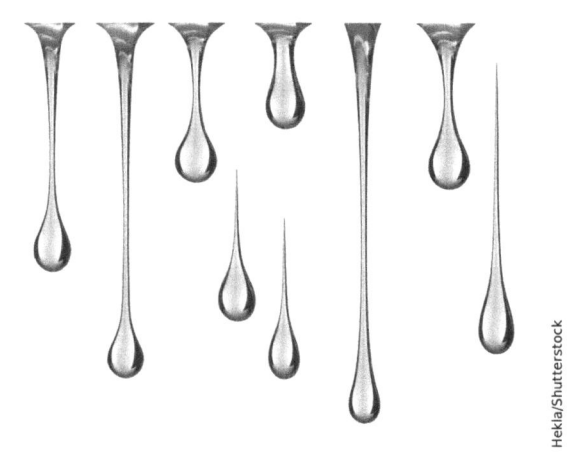

1.5.3 Propriedades microscópicas da água

Por ser abundante na Terra e por sua importante capacidade de dissolver muitas outras substâncias, a água é considerada um **solvente universal**. Isso porque ela é capaz de realizar a solução de substâncias iônicas, covalentes e anfipáticas. Confira essas características de forma mais detalhada nas subseções seguintes.

Substâncias iônicas

Em razão de sua característica polar, a água tem condutividade elétrica baixíssima e consequente alto valor de constante dielétrica, desfavorecendo a atração eletrostática entre cátions e ânions e garantindo que permaneçam em solução (Figura 1.19).

Figura 1.19 – Substâncias iônicas em água

Polaridade das moléculas de água

Polaridade é uma propriedade da matéria cujas moléculas apresentam compartilhamento desigual de elétrons: cria moléculas com polos ligeiramente positivos e negativos.

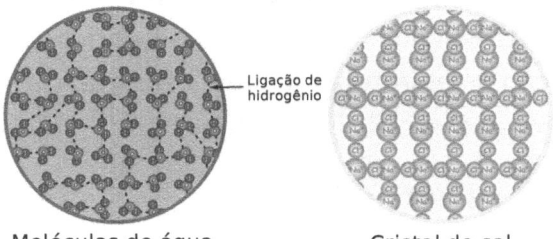

Ligação de hidrogênio

Moléculas de água
H_2O

Cristal de sal
NaCl

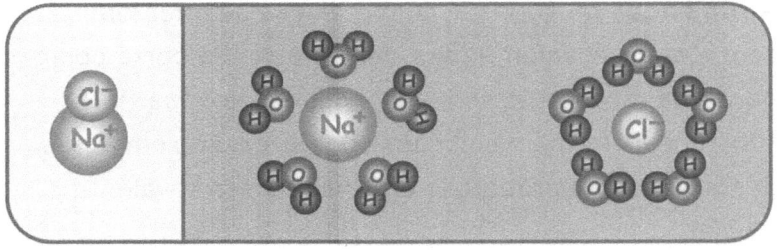

Sal
NaCl

Dissolvendo o sal em água

$$NaCl_{(s)} \xrightarrow{H_2O} Na^+_{(aq)} + Cl^-_{(aq)}$$

A água adere a outro material por ter uma natureza polar.

udaix/Shutterstock

Essa hidratação de íons é muito importante para o transporte de partículas através das membranas e para vários fenômenos biológicos. Dois exemplos são, respectivamente: processos de difusão, caracterizados pela passagem de soluto de um meio a outro através de membranas; e processo de osmose, associado à passagem de água de um meio a outro.

Substâncias covalentes

A dissolução de algumas **substâncias covalentes** ocorre pela formação de pontes de hidrogênio com as moléculas de água. Caso essas pontes não causem perturbação na estrutura da água, a substância é **solúvel**; caso contrário, é **insolúvel**.

Substâncias anfipáticas

A dupla orientação das moléculas das **substâncias anfipáticas** na água faz com que elas se orientem com a parte covalente para dentro e com a parte polar para fora, ficando, assim, envolvidas pela água. Tais substâncias formam soluções ou suspensões em água, dependendo da proporção entre as partes covalente e polar.

Para saber mais

Para conhecer de maneira mais aprofundada as propriedades da água, recomendamos os materiais a seguir:

CARMONA, E. C.; TERRONE, C. C.; NASCIMENTO, J. M. de F.; ANGELIS, D. F. de. Importância da água e suas propriedades para a vida. **Boletim das Águas do Ministério Público Federal**. 17 fev. 2016. Disponível em: <http://www.mpf.mp.br/atuacao-tematica/ccr4/dados-da-atuacao/projetos/qualidade-da-agua/boletim-das-aguas/artigos-cientificos/importancia-da-agua-e-suas-propriedades-para-a-vida-1>. Acesso em: 15 jun. 2020.

MELO, A. C; PAVANELO, D. B.; SEHN, F.; MENDES, M. R.; RAMOS, N. **Propriedades físicas da água, difusão, osmose e diálise**. Disponível em: <http://www.if.ufrgs.br/fis01038/biofisica/inicio/index.htm>. Acesso em: 14 jun. 2020.

Radiação residual

Com os estudos propostos neste capítulo, tratamos do surgimento do sistema de unidades, sua evolução e modos de converter unidades de medida diversas. Além disso, evidenciamos a importância da precisão no ato de medir. Abordamos ainda a diferença entre as escalas linear e logarítmica, bem como suas aplicações no campo das ciências. A interpretação de diferentes gráficos também foi destaque neste primeiro capítulo, uma vez que muitos dados podem ser interpretados de forma mais aprofundada e objetiva com o auxílio desse recurso, inclusive no que se refere a crescimentos e decaimentos exponenciais. Por fim, discorremos sobre a estrutura e a importância da água nos sistemas biológicos, bem como sobre suas propriedades e consequências.

Absorção fotônica

1) No que se refere ao Sistema Internacional de Unidades (SI), classifique em verdadeira (V) ou falsa (F) cada afirmativa que segue:
   - ( ) As sete unidades fundamentais são metro, segundo, quilograma, ampere, kelvin, mol e candela.
   - ( ) A definição da unidade metro mais atual utiliza como padrão partes do corpo, como pés, polegada, jarda.
   - ( ) Um triângulo equilátero de aresta 10 cm tem perímetro igual a 30 cm no SI.
   - ( ) A luz do Sol demora cerca de 8 min para chegar à Terra. No SI, esse tempo vale 480 s.
   - ( ) Para padronizar a unidade quilograma, já foi utilizada a massa contida em um volume de 1 litro de água.

   Agora, assinale a alternativa que apresenta a ordem correta de classificação:
   a) F, V, V, F, F.
   b) V, F, F, V, V.

c) F, F, V, F, V.
d) V, F, F, F, V.
e) V, V, F, V, V.

2) Uma das aplicações para a escala linear está associada à representação de mapas. Considere, então, uma aldeia indígena do Alto Xingu que possui uma área de 300 000 m². Ao representar esse valor em um mapa de escala 1:12 000, a área desenhada no mapa será igual a:
a) 25 cm².
b) 20 cm².
c) 15 cm².
d) 10 cm².
e) 5 cm².

3) O gráfico a seguir apresenta posições ocupadas por um carro em função do tempo gasto para locomoção. Para essa situação, assinale a única afirmativa correta:

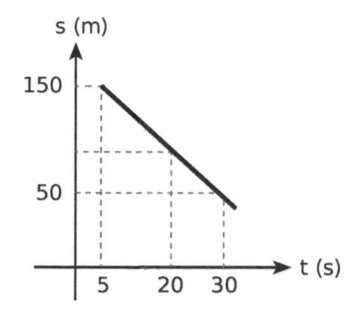

a) A velocidade do carro vale 5 m/s.
b) A função é classificada como crescente.

c) A função que representa o movimento do carro é
   s = 170 − 4 · t.
d) No instante 20 s, o carro está na posição 100 m.
e) O coeficiente linear dessa função vale 150.

4) Qual o formato de um gráfico que representa a função $y = e^x$?

a)

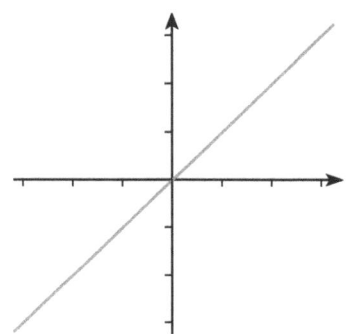

b)

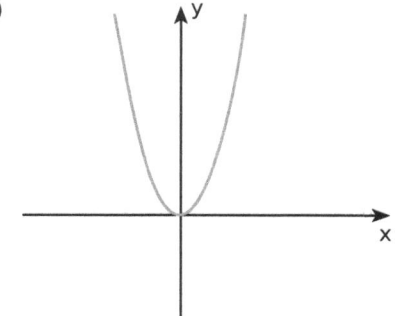

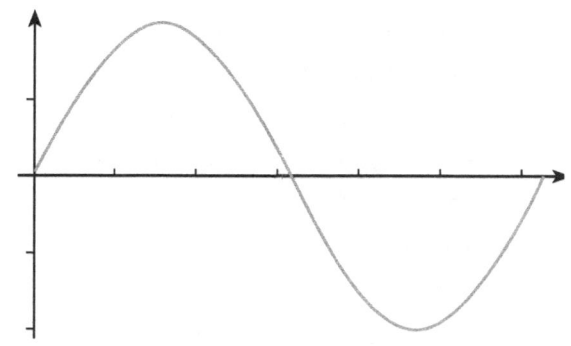

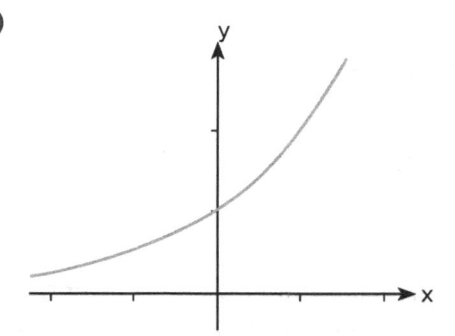

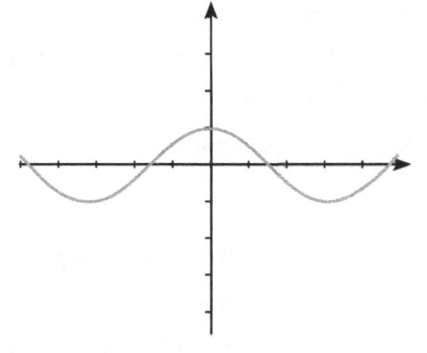

c)

d)

e)

5) A água é uma molécula fundamental para a vida nos mais diferentes aspectos. Uma de suas funções está relacionada à capacidade de dissolver substâncias e, assim, favorecer algumas reações químicas. Essa propriedade se deve ao fato de a água:
   a) ter alto calor específico.
   b) ter alta densidade.
   c) ser bom condutor de eletricidade.
   d) ser apolar.
   e) funcionar como solvente.

Interações teóricas

Salto quântico

1) Suponha que você precise medir o comprimento de um terreno e, por estar em um lugar sem recursos, não disponha de nenhum instrumento de medida especialmente calibrado para isso. Proponha uma estratégia para estimar a medida e depois, com recursos em mãos, faça a conversão correta para uma unidade conhecida.

2) Ainda considerando o problema anterior, imagine que o terreno em questão tem comprimento igual a 70 m. Usando a mesma estratégia que você propôs na atividade anterior, calcule o valor que você mediu quando não dispunha de instrumentos calibrados.

Relatório do experimento

1) Faça uma pesquisa com no mínimo cinco pessoas próximas a você sobre o tempo médio de banho diário de cada uma. Represente os dados coletados em um gráfico de barra. Depois, estime a quantidade de água, em litros, gasta no banho por essas pessoas. Em seguida, calcule o consumo mensal de água dessas pessoas e proponha uma reflexão sobre a necessidade de repensar estratégias para economizar esse recurso essencial para a vida humana.

Biomecânica: contração muscular, produção de calor, e sistemas respiratório, circulatório e renal

2

Primeiras emissões

Todos os organismos, por mais complexos que sejam, são constituídos de componentes primordiais, os quais formam tudo o que sabemos existir no Universo.
As associações dessa formação dependem de muitos fatores e de necessidades específicas de relacionamento com o meio em que estão inseridos. No caso dos animais pluricelulares, por exemplo, a organização cada vez mais complexa de determinadas partes do organismo colaborou para aumentar a dificuldade de trocas vitais entre as células, dando origem aos diferentes sistemas que serão estudados neste capítulo. Esses sistemas têm a função de facilitar as trocas e a comunicação entre os seus componentes e os demais sistemas que formam todo o organismo.

2.1 Composição e estrutura de sistemas biológicos

Todos os seres vivos são constituídos por matéria e ocupam lugar no espaço. Além disso, para que permaneçam vivos necessitam continuamente de energia. Dessa forma, estudar a constituição do universo, que tem como componentes primordiais a matéria, o espaço e o tempo, possibilita entender diversas outras estruturas, uma vez que cada organismo guarda em si a essência do universo.

Figura 2.1 – Níveis da organização dos seres vivos: átomo, molécula, célula, tecido, órgão, sistema e organismo

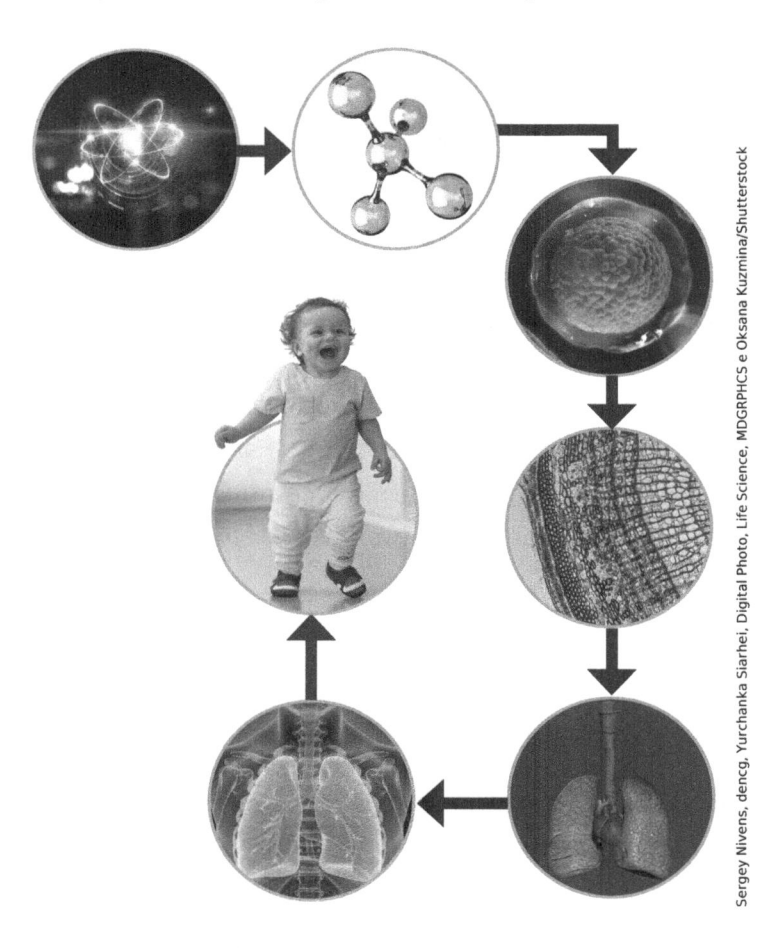

Os seres vivos são organizados por níveis de complexidade em sua estrutura. Os **átomos** são as estruturas fundamentais que dão origem às **moléculas**. Estas, por sua vez, constituem as **células**. As células compõem os diversos **tecidos** que, por sua vez, formam

os **órgãos**, os quais se unem para constituir os **sistemas** dos mais diferentes **organismos** – com exceção dos vírus, os quais são acelulares. Na Figura 2.1, estão sintetizados e organizados os diferentes níveis da estrutura dos seres vivos.

Na sequência vamos caracterizar melhor cada um desses níveis.

2.1.1 Átomos e moléculas

Os átomos são as menores estruturas que constituem a matéria, já as moléculas são reuniões de átomos feitas por ligações químicas. A carga elétrica do átomo e a existência de elétrons com liberdade para serem compartilhados ou trocados são responsáveis pelas propriedades químicas da matéria.

O entendimento sobre a estrutura atômica foi sofrendo evoluções ao longo dos séculos, conforme será estudado mais profundamente no Capítulo 5.

Para organizar os átomos conhecidos, os quais constituem tudo o que há na natureza, Dimitri Mendeleiev (1834-1907) propôs uma tabela com base na ordem crescente da massa atômica de cada elemento. Mais tarde, Henry Moseley (1887-1915) propôs a organização dos elementos com base no respectivo número atômico, característica que prevalece até hoje. William Ramsay (1852-1916) e, mais tarde, Gleen Seaborg (1912-1999) inseriram elementos àqueles já organizados por Moseley. Na **tabela periódica**, os elementos são organizados também em grupos e famílias, conforme exposto na Figura 2.2.

Figura 2.2 – Tabela periódica dos elementos

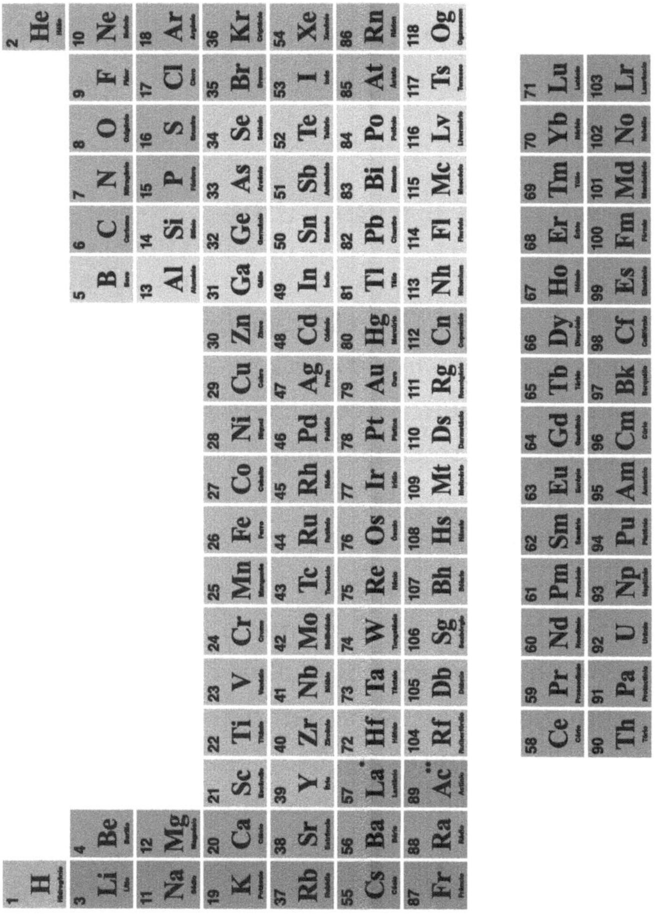

Peter Hermes Furian/Shutterstock

Quando se unem pelas ligações químicas, os átomos formam moléculas. Os seres vivos são constituídos por esses componentes. São exemplos de pequenas **moléculas** e de **íons** muito presentes nos seres vivos a água (H_2O), o sódio (Na^+), o cloro (Cl^-) e o cálcio (Ca^{++}). No entanto, também há componentes mais complexos, chamados de **macromoléculas**, como o ácido desoxirribonucleico (DNA), o ácido ribonucleico (RNA), as proteínas, os carboidratos, os lipídios.

Para saber mais

O Centro de Ciências da Universidade Federal de Juiz de Fora desenvolve um projeto de elaboração de uma tabela periódica interativa. Você pode saber mais sobre a proposta lendo:

CÉSAR, E. T; REIS, R. de C.; ALIANE, C. S. de M. Tabela periódica interativa. Educação em Química e Multimídia. **Química Nova na Escola**, São Paulo, v. 37, n. 3, p. 180-186, ago. 2015. Disponível em: <http://qnesc.sbq.org.br/online/qnesc37_3/05-EQM-68-14.pdf>. Acesso em: 15 jun. 2020.

2.1.2 Composição química dos sistemas biológicos

Dentre os muitos elementos que constituem os organismos vivos, o **carbono** é o mais abundante, seguido pelo nitrogênio, pelo oxigênio, pelo hidrogênio e pelo cálcio. Dentre os metais, o **cálcio** está presente em maior quantidade e merece destaque na formação dos ossos e dos dentes, na coagulação do sangue e na transmissão dos impulsos nervosos. Por sua vez, na segunda colocação, o **potássio** é essencial aos sistemas neurológico e muscular. Como terceiro mais abundante, o **sódio** é responsável pelo controle da pressão osmótica dos tecidos corporais e tem funções específicas nos sistemas nervoso e muscular.

Dentre as macromoléculas, algumas merecem atenção em razão de sua importância nos organismos. Detalharemos isso a seguir.

Ácidos nucleicos

Os **ácidos nucleicos** são essenciais, uma vez que formam as estruturas poliméricas do código genético. Estes são formados por uma **base nitrogenada**, uma **pentose** e um grupo **fosfato**.

Figura 2.3 – Macromoléculas de DNA e RNA

DIFERENÇAS ENTRE DNA E RNA

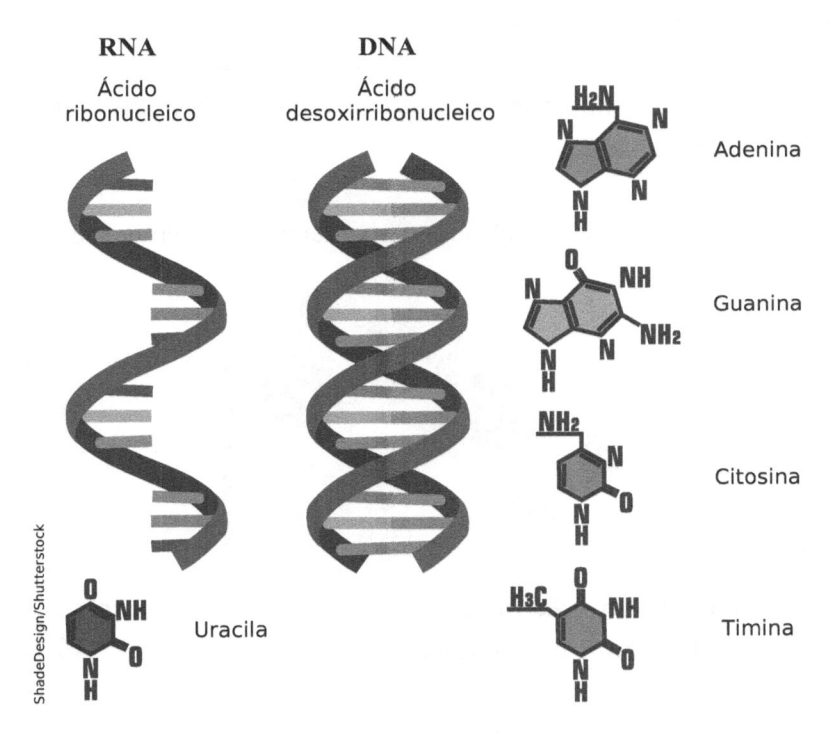

RNA
Ácido ribonucleico

DNA
Ácido desoxirribonucleico

Adenina

Guanina

Citosina

Uracila

Timina

Dentre os ácidos nucleicos destacam-se o **ácido desoxirribonucleico (DNA)** e o **ácido ribonucleico (RNA)**. O primeiro armazena informações para a construção de proteínas que coordenam o desenvolvimento e o funcionamento dos seres vivos; o segundo, por sua vez, é responsável pela síntese de proteínas na célula. As macromoléculas de DNA são muito maiores que as de RNA.

Aminoácidos e proteínas

As **proteínas** são formadas pela combinação de **aminoácidos** – há 20 tipos diferentes deles.
As proteínas têm comportamento anfótero, ou seja, reagem com comportamento ácido ou básico, a depender de sua organização.

Figura 2.4 – Estrutura química fundamental de um aminoácido

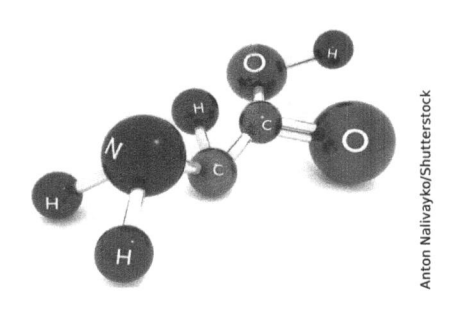

Anton Nalivayko/Shutterstock

Com base em suas funções, as proteínas podem ser classificadas conforme indicado no Quadro 2.1.

Quadro 2.1 – Classificação das proteínas com exemplo

Classificação	Como funcionam	Exemplo
Transportadoras	Favorecem o transporte de moléculas para dentro e fora das células.	Hemoglobina
Reguladoras	Regulam atividades metabólicas no organismo.	Insulina
De defesa	Agem no sistema imunológico do organismo, protegendo-o de seres invasores.	Anticorpo

(continua)

(Quadro 2.1 – conclusão)

Classificação	Como funcionam	Exemplo
Catalisadoras	Aceleram e facilitam reações químicas nas células.	Enzimas
Estruturais	Promovem a sustentação estrutural dos tecidos do organismo.	Elastina
Contráteis	Possibilitam a contração das fibras dos músculos.	Miosina

As proteínas podem passar por um processo irreversível em razão do qual perdem suas funções. Esse processo é chamado de **desnaturação** e pode acontecer por mudanças no meio em virtude de altas temperaturas, variações de pH (potencial hidrogeniônico), exposição a detergentes, agitação vigorosa, contato com alguns solventes ou solutos. No caso da desnaturação, a estrutura tridimensional da proteína sofre alteração, ao passo que a estrutura primária permanece inalterada.

Figura 2.5 – Estruturas das proteínas

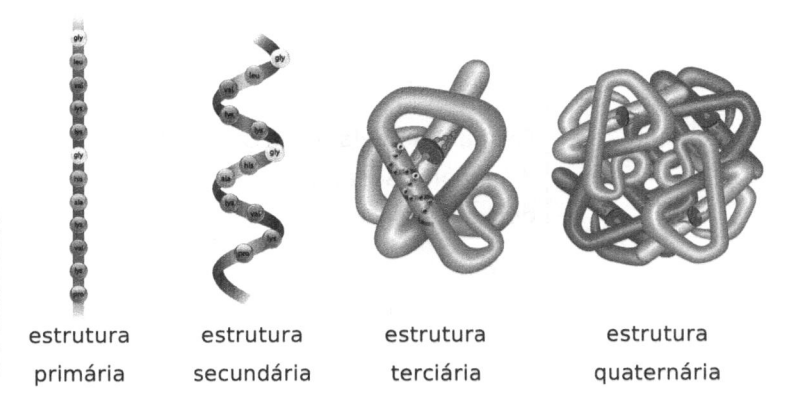

estrutura primária   estrutura secundária   estrutura terciária   estrutura quaternária

Na Figura 2.5, há a representação de estruturas de proteínas em diferentes níveis de organização, desde a primária (sem ramificações), passando pela secundária (não está esticada, mas está torcida), seguida pela terciária (tridimensional), chegando à quaternária (enovelada).

Carboidratos

Os **carboidratos**, que são macromoléculas constituídas por carbono, hidrogênio e oxigênio, apresentam-se em tamanhos variados e sua função está associada à fonte energética e estrutural essencial nos organismos. Eles pertencem a três categorias, organizadas no Quadro 2.2.

Quadro 2.2 – Categorias dos carboidratos com exemplos

Categorias	Principais características	Exemplo
Monossacarídeos	Açúcares simples. Têm fórmula $(CH_2O)_n$. São incolores. Têm estrutura cristalina. Em sua maioria, têm sabor doce. São naturalmente solúveis em água.	Glicose
Dissacarídeos	Formam-se pela união de dois monossacarídeos por desidratação.	Sacarose (glicose + frutose)
Polissacarídeos	Formam-se por longa cadeia de monossacarídeos.	Amido

Os carboidratos são as macromoléculas mais abundantes no planeta. Graças à oxidação dessas estruturas, há o fornecimento de **trifosfato de adenosina (ATP)**, que garante o armazenamento energético.

O exoesqueleto das joaninhas, por exemplo, contém quitina, um carboidrato que garante a resistência dessas estruturas.

Figura 2.6 – Joaninha, cujo exoesqueleto contém o carboidrato quitina

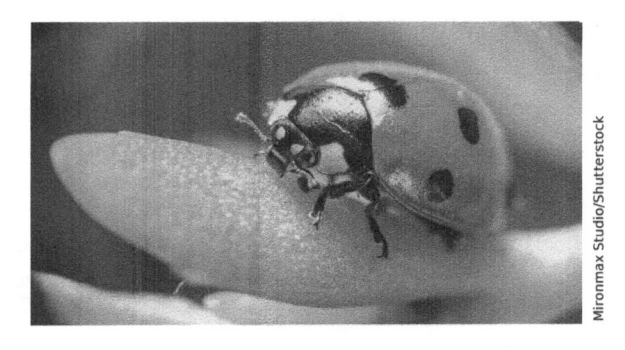

Mironmax Studio/Shutterstock

Uma importante ação dos carboidratos tem relação com os diferentes **tipos sanguíneos ABO**. As hemácias apresentam uma pequena alteração estrutural em sua superfície: os oligossacarídeos. Esses carboidratos são constituídos por outros quatro carboidratos.
No entanto, na maioria das vezes, um quinto carboidrato é adicionado, o qual pode ser de dois tipos, definindo o tipo sanguíneo A ou B. Se houver os dois tipos do quinto carboidrato, o tipo sanguíneo é AB. Na ausência

de um quinto carboidrato, o tipo é O. Não atentar para esse fato pode levar um paciente a uma reação alérgica e até mesmo à morte, pois o sistema imunológico entende o sangue com outro tipo do quinto carboidrato como uma invasão e trabalha para combatê-lo.

Lipídios

Os **lipídios** são macromoléculas orgânicas, insolúveis em água, também chamadas de *gordura*. São compostos de carbono, oxigênio e hidrogênio. Apresentam funções muito importantes para os organismos, como a reserva de energia, o isolamento térmico, a síntese de moléculas orgânicas, e a absorção de vitaminas e hormônios.

No Quadro 2.3 são apresentados alguns exemplos de lipídios importantes para os organismos.

Quadro 2.3 – Tipos de lipídios: características e exemplos

Lipídeo	Características	Exemplo
Cerídeos	São lipídios simples. São formados por um ácido graxo e um álcool graxo. Têm a função de impermeabilização e proteção. Genericamente são conhecidos como *ceras*.	Presentes na cera das abelhas. Encontrados na superfície das folhas da carnaúba. Compõem a casca da manga.

(continua)

(Quadro 2.3 – conclusão)

Lipídeo	Características	Exemplo
Fosfolipídios	São moléculas anfipáticas, ou seja, um lado delas ("cauda") tem ácidos graxos que as caracterizam como hidrofóbicas; e outro lado ("cabeça") é ligado por glicerol, que tem característica hidrofílica.	Presentes nas membranas biológicas.
Glicerídeos	Podem ser sólidos ou líquidos em temperatura ambiente. São moléculas de glicerol unidas a ácidos graxos.	Encontrados nos alimentos na forma de óleos e gorduras.
Esteroides	São longas cadeias carbônicas que derivam de um anel orgânico. Não possuem ácidos graxos.	Hormônios sexuais, vitamina D, colesterol.

2.2 Alavancas e contração muscular

As **alavancas** são sistemas que potencializam a aplicação de um tipo de força. Essas estruturas estão muito presentes nos organismos. O sistema que favorece a movimentação do corpo humano é facilitado por diferentes alavancas. Detalharemos, a seguir, esse mecanismo e explicaremos como ele colabora para o uso de menos energia na realização de suas funções.

2.2.1 Alavancas

Para facilitar movimentos, carregar objetos, levantar grandes peças, potencializar rotações, há mais de 2 000 anos, Arquimedes (sim, o mesmo que, segundo a lenda, saiu gritando, nu, "eureca!") descobriu um mundo de possibilidades por meio do uso das alavancas.

Classificação das alavancas

Para compreender o funcionamento das alavancas, é válido conceituar alguns elementos básicos que as compõem e que estão representados na Figura 2.7:

- Ponto fixo (PF): também chamado de *ponto de apoio*, trata-se do ponto em torno do qual a alavanca poderá girar.
- Força potente (F_p): é a força responsável pelo giro da alavanca, que se chama *torque* e que depende, além do módulo da força, da distância em que ela é aplicada em relação ao ponto de apoio.
- Força resistente (F_R): força que exerce resistência à força potente, ou seja, é a força que se opõe ao giro da alavanca.
- Braço da força: é a distância entre a força potente e o ponto de apoio.
- Braço da resistente: é a distância entre a força resistente e o ponto de apoio.

Figura 2.7 – Elementos básicos das mais variadas alavancas

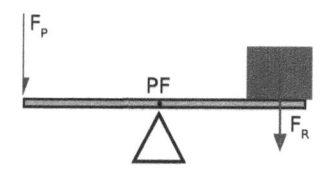

A posição desses elementos pode variar e é responsável pela classificação das alavancas. Observando a Figura 2.8, é possível comparar os diferentes tipos, de acordo com o posicionamento relativo entre os elementos que compõem as alavancas, e verificar um exemplo de aplicação para cada caso.

Figura 2.8 – Classes de alavanca, com exemplos no corpo humano e em instrumentos diversos

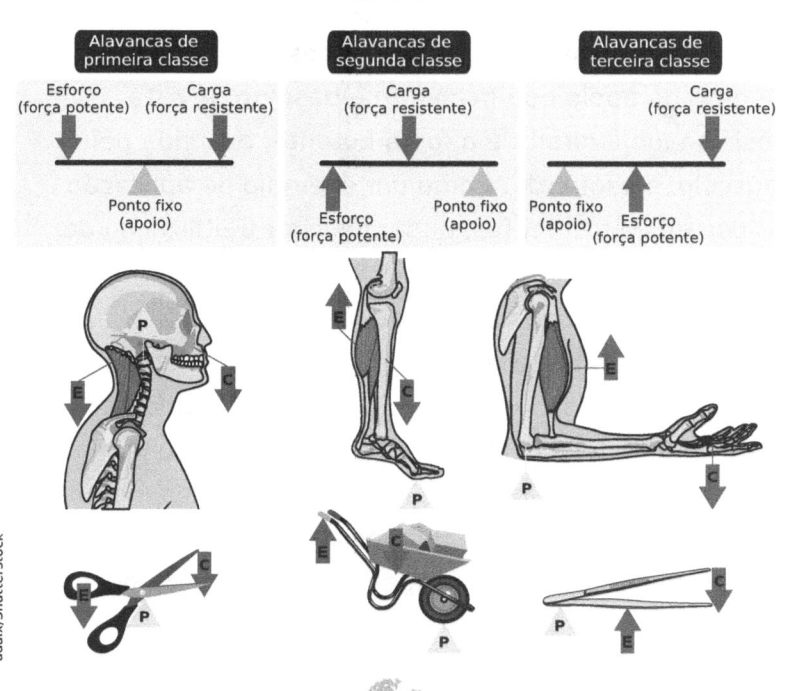

A primeira coluna da Figura 2.8 mostra a alavanca **interfixa** (primeira classe). Nesse caso, o ponto fixo fica entre a força resistente e a força potente. Um exemplo é a movimentação da cabeça para cima e para baixo. Perceba que o ponto fixo fica situado entre a aplicação das duas forças. O músculo, responsável pela força potente, está à esquerda do ponto fixo e a força resistente, à direita deste ponto. O mecanismo da tesoura também é um bom exemplo desse tipo de alavanca utilizado pelas pessoas corriqueiramente.

No segundo caso, verificamos a alavanca **inter-resistente** (segunda classe). Nesse tipo, o dispositivo tem a força resistente entre o ponto fixo e a força potente. Como exemplo de aplicação desse tipo de alavanca no corpo humano, podemos mencionar o movimento dos membros inferiores. Repare que o ponto de apoio que fica junto à base do pé está posicionado à direita e a força potente, exercida pelo músculo, à esquerda. Como um exemplo de aplicação no uso de instrumentos, podemos citar a utilização do carrinho de mão.

Por fim, o terceiro caso mostra a alavanca **interpotente** (terceira classe). Nesse tipo, a força potente fica posicionada entre o ponto fixo e a força resistente. Perceba, na Figura 2.8, que no corpo humano essa alavanca é utilizada na movimentação dos membros superiores. O ponto fixo, junto ao cotovelo, está à esquerda das forças que agem na alavanca. A força

potente, realizada pelo músculo, está posicionada
à direita dos outros dois elementos. Como um exemplo de
instrumento utilizado cotidianamente, podemos citar
a pinça, que também está presente no movimento do
dedo polegar em relação aos demais dedos da mão.

Vantagem da utilização de cada tipo de alavanca

A base de funcionamento de todos os tipos de alavanca
está no giro, ou seja, no **torque (τ)**, também chamado
de *momento de uma força* **(M)**. Essa grandeza física
pode ser obtida pela multiplicação direta de duas outras
grandezas, a **força** aplicada de forma perpendicular
à alavanca **(F)** e a **distância** entre a força e o ponto de
apoio **(d)**, conforme a Equação 2.1:

Equação 2.1

$$\tau = F \cdot d$$

Perceba, analisando a Equação 2.1, que, para obter
um torque com valor alto, há duas possibilidades: é
necessária uma força com valor alto, ou essa força deve
ser aplicada o mais distante possível do ponto de apoio.

Tendo em mente essas informações, podemos
detalhar as vantagens do uso de cada tipo de alavanca:

- **Interfixas**: nesse tipo, pode-se aplicar uma força
  menor que a força resistente, facilitando
  a movimentação de objetos muito pesados, uma vez

que o giro da alavanca, ou seja, o torque, também depende da distância da aplicação da força. Nesse caso, para levantar algo que tenha uma força peso muito grande, basta compensá-la com uma distância pequena. A Figura 2.9 mostra um exemplo de aplicação desse modelo de alavanca. Na imagem, observa-se uma pedra de peso considerável sendo erguida com o emprego de uma alavanca; no caso, o ponto de apoio é um pedaço de madeira colocado próximo à carga a ser erguida.

Figura 2.9 – Alavanca interfixa

Grandpa/Shutterstock

- **Interpotentes**: para esse tipo de alavanca não há vantagem mecânica, já que o torque da força resistente é sempre maior que o da força potente, graças à distância de aplicação dessas forças em relação ao ponto de apoio. O ganho no uso dessas alavancas é a grande amplitude de movimento da força resistente com pouca movimentação da força potente. Analisemos a Figura 2.10 para facilitar a compreensão. Perceba que, na rotação da pá, temos o arco descrito pela movimentação da mão que é responsável pela força potente (Ap) e o arco descrito pela força resistente (Ar). Nesse tipo de alavanca, Ar é maior que Ap, ou seja, com uma pequena movimentação da pá pelas mãos (força potente), é possível mover mais o que se pretende carregar com a pá (força resistente). Nesse caso, também podemos citar, como exemplos, o uso dos remos em canoas, as pinças, a vara de pescar, entre outros.

Figura 2.10 – Alavanca interpotente

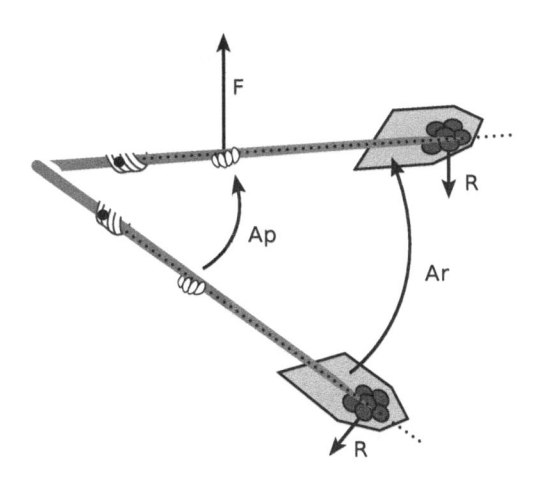

- **Inter-resistentes**: nessas alavancas, a principal vantagem é a mecânica, uma vez que a força resistente sempre se posiciona entre o ponto de apoio e a força potente. Nesse caso, a distância maior da força potente em relação ao ponto de apoio possibilita um torque maior, ou seja, uma facilidade maior para que o giro da alavanca aconteça, ainda que a força potente não tenha tanta intensidade. Perceba na Figura 2.11 que a força resistente fica entre a força potente que será aplicada na extremidade do abridor e o ponto fixo, garantindo um torque suficiente para abrir a garrafa com esforço reduzido.

Figura 2.11 – Alavanca inter-resistente

Para saber mais

Para saber mais sobre as alavancas do corpo humano, leia a seguinte dissertação de mestrado:

ANDRADE, F. L. **As alavancas do corpo humano jogando com a interdisciplinaridade**. 90 f. Dissertação (Mestrado em Ensino de Física) – Universidade Estadual Paulista, Presidente Prudente, 2015. Disponível em: <https://repositorio.unesp.br/bitstream/handle/11449/140129/andrade_fl_me_prud.pdf?sequence=3&isAllowed=y>. Acesso em: 16 jun. 2020.

2.2.2 Contração muscular

Para se movimentar, o corpo humano aplica instintivamente o sistema de alavancas em diferentes mecanismos do sistema musculoesquelético. Antes de tratarmos dessa propriedade, porém, convém explicarmos como ocorre a contração muscular. Para compreender o mecanismo da **contração muscular**, é necessário entender que as células que compõem o tecido muscular têm muitas particularidades. Primeiramente, existem três tipos de **fibras musculares**.

- **Músculo estriado cardíaco**: forma o miocárdio; apresenta contração involuntária e rápida.
- **Músculo estriado esquelético**: é preso aos ossos e tem sua função principal relacionada à locomoção; sua contração é voluntária e rápida.
- **Músculo liso**: está presente no tubo digestório e em órgãos como a bexiga urinária; possui contração involuntária e lenta.

Figura 2.12 – Diferentes fibras musculares

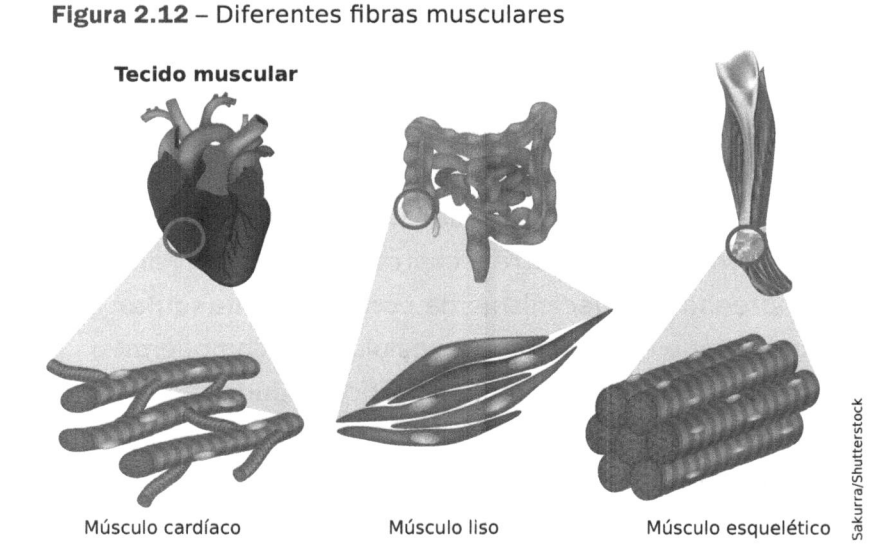

Músculo cardíaco — Músculo liso — Músculo esquelético

Sakurra/Shutterstock

Nesta subseção, vamos intensificar os estudos a respeito do músculo estriado esquelético. As células desse tecido são conhecidas como **fibras musculares**, cuja membrana plasmática é o **sarcolema**, que atua como um revestimento externo da fibra. A parte superficial dos sarcolemas funde-se com as fibras tendinosas. Por sua vez, estas se unem e dão origem aos tendões, as estruturas responsáveis por prender o músculo ao osso. O líquido do interior dessa célula é o **sarcoplasma**, rico em potássio, magnésio e fosfato; há nele também uma grande quantidade de mitocôndrias, visto que a fibra muscular necessita de grande quantidade de energia para o seu funcionamento. Outra importante organela presente é o retículo endoplasmático liso, chamado – no tipo de célula que aqui mencionamos – de **retículo sarcoplasmático**, o qual tem uma relevante função na contração muscular.

As fibras musculares contêm inúmeras **miofibrilas** suspensas no sarcoplasma, cada uma das quais apresenta, em média, 1 500 filamentos de miosina e 3 000 filamentos de actina, os quais são responsáveis pela contração do músculo.

Figura 2.13 – Fibra muscular

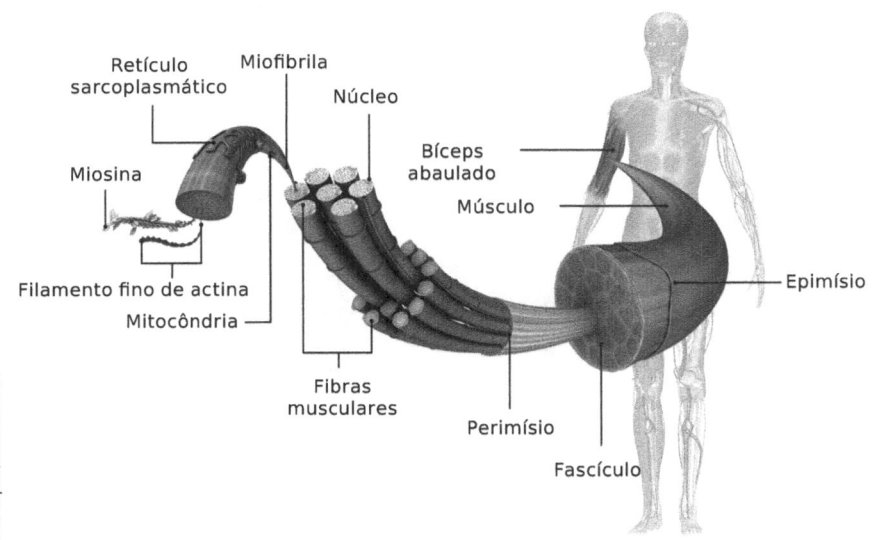

Quando é incidida uma luz polarizada sobre a miofibrila, a disposição de seus filamentos faz aparecer faixas claras e escuras. Os filamentos de **actina** são mais claros e chamados de **faixas I**, já a porção mais escura contém filamentos de miosina e a extremidade do

filamento de actina, constituindo as chamadas **faixas A**.
As extremidades da actina se prendem ao **disco Z**.
A região entre um disco Z e outro é o **sarcômero**.

Figura 2.14 – Relaxamento e contração muscular

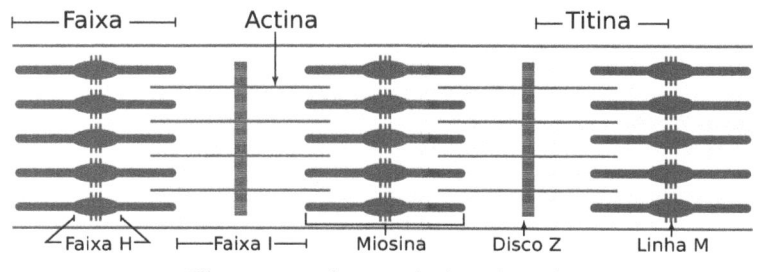

Fibra muscular estriada relaxada

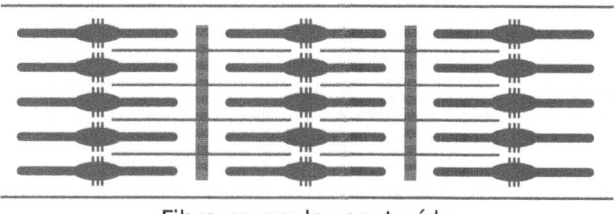

Fibra muscular contraída

Na Figura 2.14, podemos observar que, quando o músculo está relaxado, a fibra muscular tem seu maior comprimento e os filamentos de actina e miosina estão sobrepostos apenas nas extremidades. Por outro lado, quando a contração muscular ocorre, os filamentos sobrepõem-se, reduzindo, assim, o comprimento da fibra muscular.

Mecanismo da contração muscular

As fibras musculares estão interligadas a **neurônios motores**, dos quais parte o potencial de ação para desencadear a contração muscular. As terminações do axônio liberam um neurotransmissor chamado *acetilcolina*, que age no sarcolema, fazendo essa membrana abrir vários canais que servem de entrada para íons de sódio (Na^+). Tal potencial de ação a entrada do Na^+ – despolariza a membrana da fibra muscular. A entrada desses íons faz o retículo sarcoplasmático liberar os íons de cálcio (Ca^{2+}) que havia armazenado. A presença do cálcio no sarcoplasma gera uma força de atração muito grande entre os filamentos de actina e miosina, razão pela qual eles deslizam na direção um do outro. Logo em seguida, os íons de cálcio são bombeados para o interior do retículo, no qual ficam armazenados até que um novo potencial de ação seja desencadeado.

O gasto energético da contração

Para que a contração muscular aconteça, as moléculas de **adenosina trifosfato (ATP – 3 fosfatos)** sofrem o rompimento de uma das ligações entre os fosfatos, liberando energia. A molécula de ATP, quando perde um fosfato, transforma-se em **adenosina difosfato (ADP – 2 fosfatos)**. O ADP participa da respiração celular promovida pela mitocôndria e volta a ser ATP recuperando seu potencial energético.

Tanto o mecanismo de contração dos filamentos quanto a bomba que devolve o cálcio para o retículo requerem gasto de ATP. O músculo tem baixa eficiência, pois apenas 20% a 25% da energia que consome é convertida em trabalho, sendo grande parte da energia muscular transformada em energia térmica.

O corpo como um sistema de alavanca

A **cinesiologia** é a área da fisiologia humana que estuda os músculos, suas particularidades e seu funcionamento no sistema de alavancas.

Como estão ligados aos ossos e atuam pela aplicação de tensão (força potente), os músculos formam diversos tipos de alavanca, conforme os apresentados na seção precedente.

O braço humano é um sistema de alavanca ativado pelo bíceps, músculo que, por ser volumoso – tem em média 15 cm^3 –, consegue atingir uma força de contração máxima estimada em 130 N. Para compreender a otimização dos movimentos com o menor gasto energético possível, é importante entender a relação entre os braços da força e a vantagem mecânica, como já exploramos teoricamente ao caracterizar as alavancas.

De acordo com o tamanho da força aplicada pelo braço no momento, um músculo pode estar em desvantagem quanto à produção da força potente (tensão), mas ainda assim manter vantagem mecânica.

O comprimento do sarcômero é, nesse caso, um fator de extrema importância.

Ainda considerando facilitar a produção de movimentos variados, o **ângulo de penação** é um fator que merece atenção. Este está associado à disposição entre as fibras musculares em relação ao tendão. Quanto maior o ângulo de penação, menor é a tensão produzida pela fibra. Em situação de repouso, esse ângulo tem valor médio de 30°.

Por fim, é importante compreender que os músculos, ao exercerem força, podem comportar-se de três formas distintas:

- **Agonista do movimento**: exerce força no sentido contrário à força resistente.

- **Antagonista do movimento**: exerce força em sentido contrário ao movimento, colaborando para o seu controle e protegendo articulações e tendões.

- **Sinergista do movimento**: favorece a estabilidade das articulações, colaborando com a eficiência e a segurança dos movimentos.

Figura 2.15 – Os músculos na flexão do cotovelo

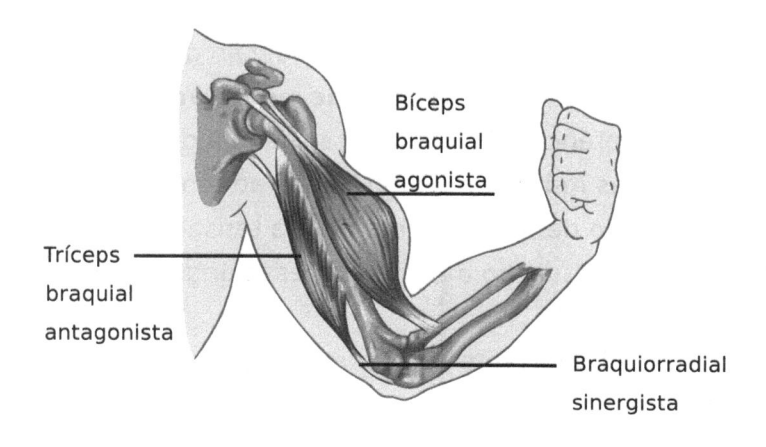

2.3 A pressão e os sistemas circulatório e vascular

O principal objetivo do **sistema circulatório** é o transporte de substâncias dentro do organismo humano. É por meio desse sistema que os nutrientes transportados durante a digestão conseguem chegar às mais diversas células do corpo. Também tem papel fundamental no transporte dos gases envolvidos no processo respiratório, dos hormônios produzidos pelas glândulas, sem esquecer sua necessidade na remoção dos produtos da excreção. Como você pode perceber, esse sistema é vital para o bom funcionamento de todo o organismo.

2.3.1 Tipos de circulação

A **circulação sanguínea** é subdividida em **circulação pulmonar** – mecanismo pelo qual o sangue chega até os pulmões para ser oxigenado – e **circulação sistêmica** – nesse caso, o sangue irriga os demais tecidos do corpo humano.

Na circulação pulmonar, o sangue venoso – com grande percentual de gás carbônico – percorre as **veias cavas**, chega ao **átrio direito do coração** e, ao atravessar a **válvula tricúspide**, passa para o **ventrículo direito**. Deste, sai do coração pelas **artérias pulmonares**. Ao chegar ao **pulmão**, os **capilares** realizam trocas gasosas com o **alvéolo pulmonar**, processo chamado de *hematose* – o gás carbônico presente no sangue passa para o interior do alvéolo, e o oxigênio do alvéolo entra no capilar. O sangue, agora arterial – com grande quantidade de gás oxigênio –, chega ao coração pelas **veias pulmonares** no **átrio esquerdo**. Como o coração está próximo dos pulmões, esse tipo de circulação também é conhecido como *pequena circulação*.

A circulação sistêmica, por sua vez, ocorre quando o sangue presente no átrio esquerdo atravessa a **válvula mitral** e vai até o **ventrículo esquerdo**, deste sai pela **artéria aorta** até chegar a todos os tecidos do corpo humano. Nos tecidos, o sangue deixa oxigênio e recebe gás carbônico, voltando a ser venoso e retornando ao átrio direito do coração pelas veias cavas. Como o trajeto percorrido pelo sangue é maior do que o trajeto realizado na circulação pulmonar, esse tipo de circulação também é conhecido como **grande circulação**.

Na Figura 2.16 você pode observar o esquema de circulação do sangue venoso e do arterial.

Figura 2.16 – Sangue venoso e sangue arterial

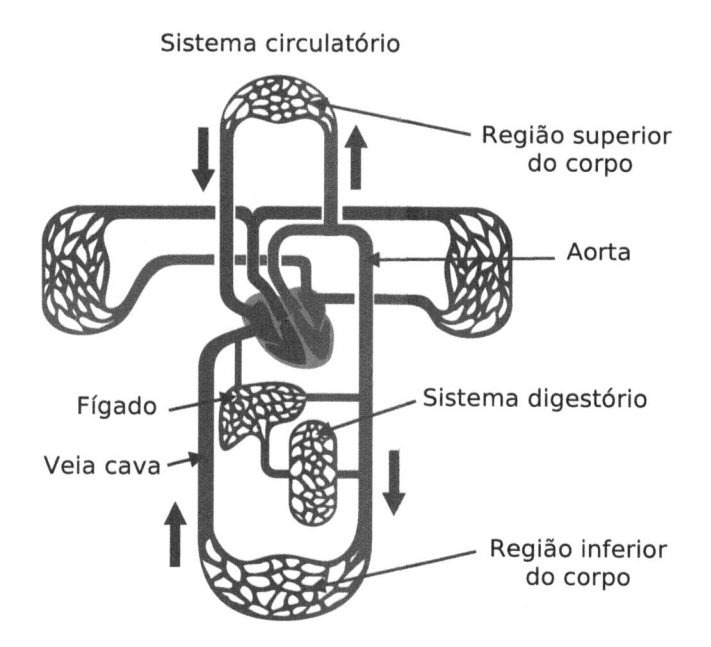

Para saber mais

Para conhecer mais sobre os tipos de circulação, recomendamos a leitura do seguinte artigo:

FALCI JÚNIOR, R.; CABRAL, R. H.; PRATES, N. E. V. B. Tipos de circulação e predominância das artérias coronárias em corações de brasileiros. **Revista Brasileira de Cirurgia Cardiovascular**. São Paulo, v. 8, n. 2, p. 152-162, 1993. Disponível em: <https://www.scielo.br/pdf/rbccv/v8n1/v8n1a02.pdf>. Aceso em: 16 jun. 2020.

2.3.2 Vasos sanguíneos

Os vasos sanguíneos são divididos de acordo com sua função e sua morfologia.

As **artérias** são vasos sanguíneos que levam o sangue do coração para os demais tecidos do corpo. Por receberem alta pressão do bombeamento cardíaco, elas necessitam de grande calibre, alto grau de resistência e elasticidade. Os ramos finais das artérias que as ligam aos capilares são chamados de **arteríolas**.

Por sua vez, as **veias** são vasos que retornam o sangue dos tecidos ao coração. Por terem baixa pressão em seu interior, elas apresentam um calibre inferior ao das artérias. As veias têm, ainda, paredes mais finas e válvulas que evitam o refluxo do sangue. Essas estruturas são musculares para conseguir contrair-se ou expandir-se de acordo com a necessidade. As veias vão, progressivamente, diminuindo de tamanho para se encontrar com os capilares. Quando têm menor calibre são chamadas de **vênulas**.

Figura 2.17 – Exemplo de artéria e veia

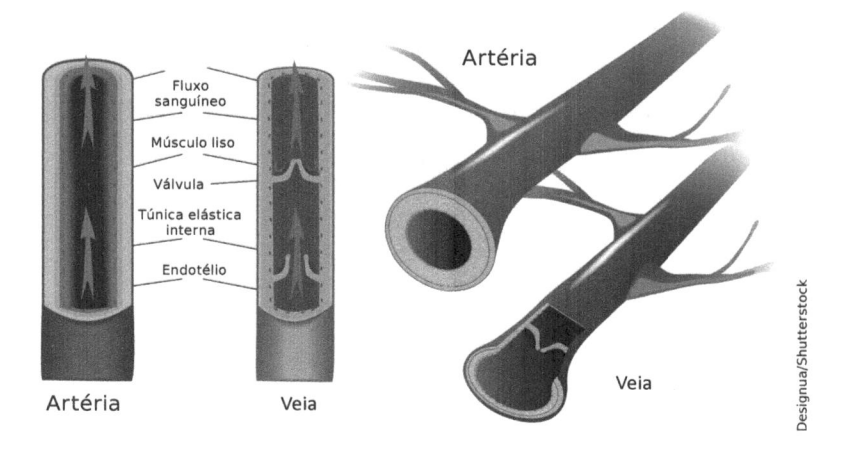

Os **capilares** sanguíneos são vasos de baixo diâmetro com paredes extremamente finas e permeáveis, pois necessitam fazer trocas com os diversos tecidos humanos.

2.3.3 Distribuição do sangue

A maior porcentagem do sangue está localizada na circulação sistêmica – equivalente a aproximadamente 84% do volume total. Nas veias correm 64% do sangue; nas artérias, 13%; e nas arteríolas e nos capilares, 7%. O coração apresenta 7% do sangue total; as artérias e as veias pulmonares, 9%.

O Quadro 2.4 mostra a área de secção transversa dos vasos sanguíneos. Essa medida é feita como se todos os vasos fossem colocados lado a lado para se estimar a área ocupada por eles.

Quadro 2.4 – Área de secção transversa dos vasos sanguíneos

Vasos sanguíneos	Área (cm^2)
Aorta	2,5
Outras artérias	20
Arteríolas	40
Capilares	2 500
Vênulas	250
Outras veias	80
Veias cavas	8

As veias contêm maior quantidade de sangue que as artérias, como especificado anteriormente, porque a área de secção transversa daquelas é muito maior (aproximadamente quatro vezes) que a destas. Como o volume de sangue é o mesmo que flui em cada tipo de vaso sanguíneo, é razoável concluir que, quanto maior a área da secção transversa, menor é a velocidade do fluxo sanguíneo, ou seja, elas são inversamente proporcionais.

$$fluxo = velocidade \times área$$

A velocidade média na artéria aorta, que apresenta menor área de secção transversa, é de aproximadamente 33 cm/s, ao passo que, em um capilar, a velocidade é de 0,3 mm/s. Entretanto, os capilares são pouco extensos, com comprimento variando de 0,3 mm a 1 mm apenas. Dessa forma, é possível deduzir que o sangue permanece de 1 s a 3 s nesse tipo de vaso sanguíneo e, mesmo assim, ele consegue realizar as trocas com os tecidos.

2.3.4 Pressão e circulação

A força que o sangue faz na área das paredes dos vasos sanguíneos é chamada de **pressão sanguínea**, a qual ocorre pela contração dos ventrículos.

    O ventrículo esquerdo realiza a contração da musculatura, chamada de **sístole**, e impulsiona o sangue para a artéria aorta, cavidade cardíaca na qual o músculo miocárdio é extremamente espesso. A pressão atingida deve ser suficiente para que o sangue percorra todo o corpo todo, tendo valor médio de 120 mmHg (nível sistólico). Durante o relaxamento dessa cavidade, denominado de **diástole**, tanto a pressão quanto a corrente sanguínea continuam, porém em nível menor, permeando 80 mmHg (nível diastólico). Analisando os dois valores, você deve perceber que a pressão média na aorta é de 100 mmHg.

    A pressão cai conforme o sangue flui para os demais vasos; no final da circulação sistêmica, quando as veias cavas desembocam no átrio direito, a pressão atinge cerca de 0 mmHg.

    Os capilares, quando próximos das arteríolas, se mantém sob pressão de aproximadamente 35 mmHg, ao passo que, na região próxima às vênulas, atingem 10 mmHg. Essa condição de baixa pressão é importante para manter o plasma sanguíneo dentro do capilar, visto que este é muito permeável; sob efeito dessa propriedade, apenas nutrientes, gases e hormônios passam por difusão para o tecido.

A circulação pulmonar envolve pequenas distâncias, razão pela qual a pressão nas artérias pulmonares é bem menor que na aorta, em média 25 mmHg no nível sistólico e 8 mmHg no nível diastólico. Com isso, a pressão média das artérias pulmonares é de aproximadamente 16 mmHg.

2.3.5 Fluxo, pressão e resistência vascular

O fluxo de um vaso sanguíneo pode ser calculado com a utilização **da lei de Ohm**, indicada na Equação 2.2:

Equação 2.2

$$Q = \frac{\Delta P}{R}$$

em que:
Q = fluxo sanguíneo
ΔP = diferença de pressão entre as duas extremidades do vaso
R = resistência vascular (pressão exercida pelas paredes dos vasos contra o fluxo sanguíneo)

Analisando a Equação 2.2, pode-se observar algumas relações importantes. Perceba que o fluxo sanguíneo é inversamente proporcional à resistência. Nesse caso, quanto maior é a resistência, menor é o fluxo. Por outro lado, a diferença de pressão é diretamente proporcional ao fluxo. Portanto, quanto maior é a diferença de pressão, maior é o fluxo. Note ainda que a diferença entre as pressões é tão importante que, caso a pressão de uma extremidade seja de 40 mmHg e a da outra extremidade seja também de 40 mmHg, o fluxo seria igual a 0.

2.4 Dinâmica dos sistemas respiratório e renal

Para o funcionamento dos organismos, os sistemas renal e respiratório são extremamente importantes. O primeiro é responsável por manter o estado de homeostasia, controlar os líquidos e os eletrólitos, remover resíduos e fornecer hormônios. O segundo, por sua vez, em parceria com o sistema circulatório, auxilia o metabolismo com a utilização do oxigênio para produzir energia. Nesta seção, explicitaremos as contribuições desses sistemas para o funcionamento do organismo.

2.4.1 Sistema respiratório

O objetivo primeiro do **sistema respiratório** é fornecer O_2 para os tecidos e retirar deles o CO_2 produzido durante a respiração celular que acontece na organela

mitocôndria. O mecanismo de respiração pode ser divido em:

- **Ventilação pulmonar**: entrada e saída de ar dos pulmões.
- **Hematose**: difusão do oxigênio do alvéolo para o interior do capilar sanguíneo e difusão do dióxido de carbono do capilar para o interior do alvéolo.
- **Transporte**: os gases respiratórios são transportados pelo sangue para as células.
- **Respiração celular**: reação bioquímica que ocorre na mitocôndria para obtenção de energia.

Trataremos agora da pressão relacionada à ventilação pulmonar, ou seja, a pressão de gases intrapulmonares.

Nesta subseção, portanto, interessa pormenorizar o mecanismo pelo qual o ar entra e sai do sistema respiratório.

Estrutura do sistema respiratório

O **pulmão** é revestido pela **pleura visceral**, que ocupa 4/5 do volume total da cavidade torácica. Cada pulmão tem capacidade para 3 000 ml de ar. Pela presença do ventrículo esquerdo do coração posicionado no mediastino, o pulmão esquerdo é menor que o direito, 55% da função respiratória é exercida pelo pulmão direito, e 45%, pelo pulmão esquerdo.

O espaço pleural promove uma pressão negativa, responsável por manter os pulmões expandidos.

Essa pressão varia de –2 cmH$_2$O a –5 cmH$_2$O entre a inspiração e a expiração.

As pleuras, além de envolverem o pulmão, revestem a cavidade torácica. O espaço entre elas é preenchido por um líquido que auxilia na movimentação pulmonar.

Ventilação pulmonar: inspiração e expiração

O pulmão pode ser expandido ou retraído pela contração e pelo relaxamento do diafragma – músculo que separa a cavidade torácica da abdominal – e pela elevação ou pelo abaixamento das costelas. O movimento das costelas deve-se, em grande parte, à ação dos músculos intercostais, do grande peitoral e do escaleno.

Na **inspiração**, esses músculos sofrem contração. Tal movimento faz o diafragma se mover para baixo e a cavidade torácica aumentar sua altura. Assim, o volume interno aumenta, como explicitado no esquema da esquerda na Figura 2.18. Essa ação promove uma diminuição da pressão no interior dos alvéolos pulmonares, ficando com um valor inferior ao da pressão atmosférica. A pressão negativa gerada é baixa, mas suficiente para permitir a entrada de 0,5 l de ar nos pulmões em 2 s, equilibrando, assim, a pressão interna com a externa.

A **pressão pleural** também sofre alteração nesse momento. Como a cavidade torácica aumenta, ela sofre redução de –4 cmH$_2$O a –8 cmH$_2$O. Isso, por sua vez, auxilia na diminuição da **pressão intrapulmonar** – também chamada de ***pressão alveolar***.

Na **expiração**, o relaxamento da musculatura que foi contraída faz o diafragma ir para cima e a caixa torácica diminuir de altura. Em consequência desses eventos, a cavidade torácica fica menor, ou seja, tem seu volume reduzido. Desse modo, a pressão alveolar fica superior à pressão atmosférica e o ar é expelido pelas vias aéreas. A compressão dos músculos abdominais aumenta a pressão pleural de –2 cmH$_2$O a –4 cmH$_2$O.

Figura 2.18– Representação da ventilação pulmonar

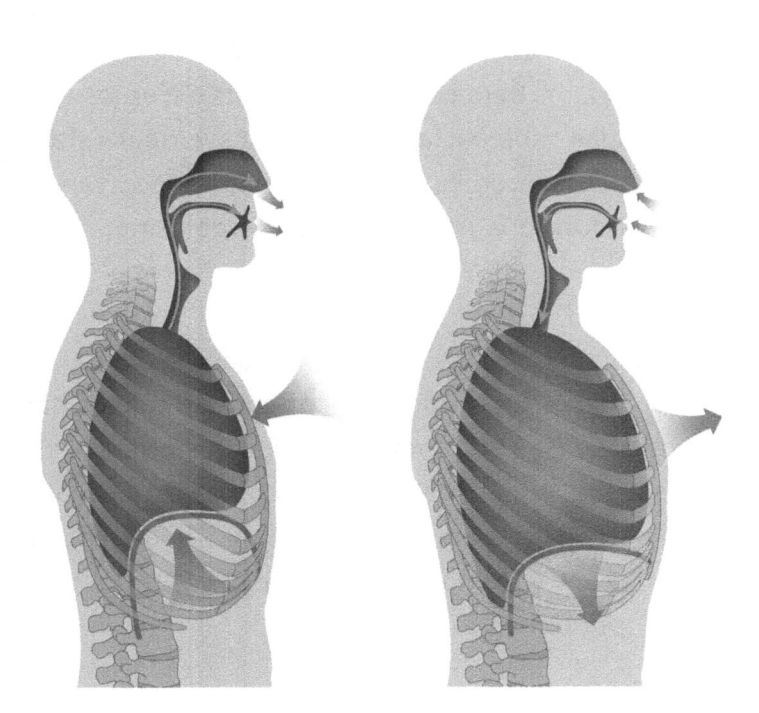

Quando a expiração é forçada, a pressão pleural pode ser elevada para números ligeiramente positivos. O volume de ar expirado também é de aproximadamente 0,5 l.

2.4.2 Sistema renal

Todo resultado da digestão dos alimentos é transportado pelo sangue e pela linfa, assim como o oxigênio. Os resíduos gerados pelos tecidos que utilizam os nutrientes precisam ser eliminados. A função do **sistema renal** consiste justamente na eliminação de tais resíduos, bem como de possíveis excessos de determinadas substâncias pela ação dos **rins**. Nesta subseção, explicaremos a dinâmica desse importante sistema no funcionamento de todo o organismo.

Estrutura do sistema renal

Como mencionamos, os rins são responsáveis pela excreção dos resíduos metabólicos e pelo controle da concentração de constituintes dos líquidos orgânicos do organismo. A unidade filtradora do rim é o **néfron**. Cada rim é formado em média por 1 milhão de néfrons. Na Figura 2.19, você pode observar as estruturas que formam essa unidade.

Figura 2.19 – Estrutura renal

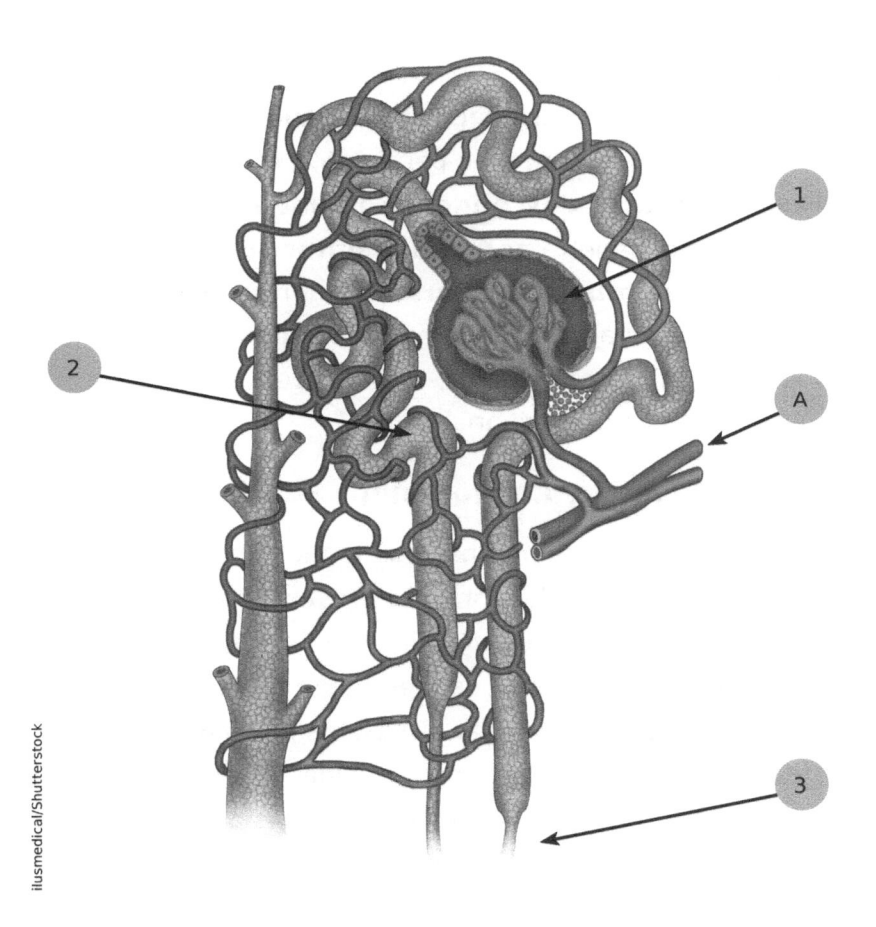

A **artéria renal** (A) conduz o sangue arterial para o rim. Neste, ela ramifica-se e diminui seu calibre até tornar-se uma arteríola. Esta é responsável por fazer o sangue penetrar no **glomérulo** (1). Logo em seguida, o sangue sai pela **arteríola eferente**. A pressão sanguínea no glomérulo faz líquidos e outras substâncias presentes no sangue entrarem na **cápsula de Bowman** – o líquido que entra é chamado de *filtrado glomerular* ou de *urina inicial*.

O filtrado glomerular segue para o **túbulo contorcido proximal** (2) e para a **alça de Henle** (3), dividida em **ramo descendente** e **ramo ascendente**. Depois disso, penetra no **túbulo contorcido distal** até chegar ao **túbulo coletor**. Este é formado por até oito túbulos distais de outros néfrons, que desembocam posteriormente nos ureteres, responsáveis por levar a urina até a bexiga urinária.

Pressões na circulação renal

A pressão inicial presente na artéria que penetra no rim é de 100 mmHg. Já a pressão presente na arteríola aferente diminui para 60 mmHg. Essa pressão, associada à intensa permeabilidade da membrana glomerular, conduz o filtrado glomerular até a cápsula de Bowman. Esse filtrado difere do plasma sanguíneo apenas pela ausência de proteínas. Somente 0,03% das proteínas encontradas no plasma compõem o filtrado. As proteínas não conseguem atravessar a membrana glomerular porque esta é revestida por **proteoglicanos** com intensa carga elétrica negativa. Como as proteínas também apresentam cargas elétricas negativas intensas, a repulsão eletrostática impede a passagem de quase todas.

A intensidade da filtração glomerular é de 125 ml/min em média, ou seja, em um dia são produzidos 180 l de filtrado. Desse total, mais de 99% são reabsorvidos nos túbulos, e o restante forma a urina.

No **túbulo proximal**, esse filtrado chega com pressão estimada em 18 mmHg e, ao longo do trajeto que faz no néfron, sofre reabsorção ou secreção de substâncias pelo **epitélio tubular**. A glicose e os aminoácidos são reabsorvidos quase em sua totalidade, sendo eliminada na urina uma ínfima quantidade deles. Alguns eletrólitos também retornam para o sangue, entre os quais Na^+, Cl^- e HCO_3 (bicarbonato).

Quando retornam para os capilares, os íons geram um aumento de concentração e o meio fica hipertônico em relação ao túbulo. Desse modo, a água migra para o capilar para tentar igualar as concentrações, processo conhecido como *osmose*. Cerca de 80% da água é reabsorvida antes mesmo de o filtrado chegar à alça de Henle.

No túbulo distal, a pressão já se reduziu para aproximadamente 10 mmHg, passando a ter valor igual a 0 mmHg quando se encontra no ducto coletor.

A urina formada pelos néfrons, graças à baixa pressão, acaba por acumular-se na pelve renal. Esse acúmulo promove uma contração peristáltica que se propaga até o ureter, alcançando uma velocidade de, aproximadamente, 3 cm/s e pressão de até 100 mmHg.

Ao chegar na bexiga urinária, a urina aumenta a pressão intervisceral. Ao se acumular um volume de 30 ml a 50 ml de urina, a pressão fica em média entre 5 cm e 10 cm de água (cmH_2O). A urina acumula-se e a pressão aumenta. Quando o volume de urina passa de 300 ml, esse aumento se acelera. Nesse momento, começam a surgir contrações miccionais. Quanto mais cheia a bexiga, mais intensos são os reflexos de micção, ao ponto de inibir a ação do esfíncter externo. Quando a inibição é mais potente que a constrição do esfíncter, ocorre a micção.

2.5 Produção e dissipação de calor

A **termorregulação** do organismo é fundamental para seu bom funcionamento. É essa propriedade que mantém a **homeostase** dos sistemas. Animais que são capazes de controlar a própria temperatura, os homeotérmicos, têm mais possibilidades de adaptação a diferentes ambientes. Nesta seção, trataremos de duas importantes estratégias para garantir o correto funcionamento do corpo as quais estão relacionadas com vários sistemas dos organismos: a **termólise** e a **termogênese**.

Antes de seguirmos, porém, vale fazermos um esclarecimento: é comum se utilizar o termo *calor* para situações que nem sempre correspondem a essa grandeza física. Sendo assim, é importante inicialmente tratarmos dos conceitos de calor e temperatura e da diferença entre eles.

2.5.1 Calor e temperatura

Assim como no caso da luz, os fenômenos que envolvem o calor sempre foram intrigantes para muitos. Até fins do século XVIII, o calor era entendido como um fluido invisível, sem massa e capaz de passar de um corpo a outro. Nesse entendimento duas concepções se destacaram. Primeiramente, a teoria **flogística**, proposta pelo alemão Georg Ernst Stahl (1659-1734), no século XVII, referia o poder de combustão dos corpos. Segundo essa visão, materiais com alto poder de combustão teriam grande quantidade de flogisto, progressivamente eliminado (fogo). Conforme essa substância se consome, o fogo diminui até apagar-se. Depois, a teoria do **calórico**, proposta pelo francês Antoine-Laurent de Lavoisier (1743-1794), no século XVIII, explicava que o calor é uma substância sem massa que flui dos corpos mais quentes para os mais frios, respeitando uma conservação do calórico total do sistema. Lavosier também associava as variações do calórico às variações de temperatura dos corpos. Nesse caso, um objeto com alta temperatura teria muito calórico. À época esse fluido era considerado um dos elementos fundamentais da natureza.

Em meados do século XIX, por sua vez, o americano Benjamin Thompson (1753-1814) superou a teoria do calórico ao observar brocas perfurando canhões e perceber que os dois sofriam aquecimento. Isso confrontava as teorias anteriores do calor como substância, pois a perfuração produzia calórico enquanto houvesse movimento, violando sua conservação. Com base nessa observação, Thompson propôs que o calor só podia ser gerado com a movimentação das partículas das substâncias.

Muitas outras proposições foram encorpando a definição de calor até que o britânico James P. Joule (1818-1889) chegasse à compreensão do calor como uma forma de energia, ainda no século XIX. Essa concepção pôs fim ao entendimento de que o calor seria uma substância, passando este a ser admitido como movimentação.

Hoje, a ciência assume que o calor é a **energia** em trânsito entre corpos com diferentes temperaturas. Quando é absorvido por um corpo, ele proporciona uma alteração no grau de agitação de suas moléculas, deixando de ser calor, para definir agora, a temperatura. Quanto mais agitadas as partículas de uma amostra, maior é sua temperatura. Como esta se associa à agitação, pode-se estabelecer uma relação entre ela e a energia cinética das moléculas.

2.5.2 Termogênese e termólise

O ser humano é um **animal homeotérmico** cuja temperatura pode variar entre 36,1 °C a 37,2 °C em situações de boa saúde, com algumas oscilações ao longo do dia que não ultrapassam 0,6 °C. Essa pequena variação na temperatura corporal, ainda que mediante situações adversas no ambiente em que se está inserido, deve-se a mecanismos responsáveis por essa regulação natural, tanto para produzir calor (termogênese) quanto para dissipá-lo (termólise). Analisemos, nas subseções a seguir, cada um desses processos de forma mais detalhada.

Produção de calor

Quando expostos a situações de frio extremo, os animais homeotérmicos são capazes de produzir calor mediante algumas estratégias com objetivo de manter a temperatura média do corpo. Isso pode acontecer pelos músculos esqueléticos, pelo coração, pelo fígado e pelo cérebro. Como exemplo, podemos citar a contração muscular – a **termogênese mecânica** – e as reações bioquímicas – a **termogênese química**. Explorando essas possibilidades, os organismos empregam diferentes estratégias como as listadas a seguir:

- **Calafrio**: é um exemplo de termogênese mecânica. Caracteriza-se pela contração involuntária e desorganizada dos músculos esqueléticos (Figura 2.20). Essa ação parte de uma atividade nervosa descontrolada. Alguns animais não utilizam esse mecanismo para produzir calor, trabalhando apenas para reduzir perdas de calor, potencializando o isolamento térmico, por meio do eriçamento dos pelos da superfície da pele (Figura 2.21). Como o ar é um excelente isolante térmico, uma vez que possui baixo coeficiente de condutividade térmica, a camada de ar que permeia os vãos entre os pelos funciona como um cobertor natural.

Figura 2.20 – Calafrio

Figura 2.21 – O organismo do coelho trabalha para reduzir perda de calor

- **Tecido adiposo marrom**: existente em muitos mamíferos, como camundongos, *hamsters*, macacos e seres humanos – especialmente em bebês –, é considerado o combustível a ser consumido na termogênese química. Trata-se de um tecido rico em mitocôndrias – do que decorre a cor marrom –, localizado em todo o corpo, mas presente em maior quantidade próximo aos membros superiores. Seu consumo acontece por reação exotérmica, ou seja, pela liberação de calor que possibilita a manutenção da temperatura corporal.

Figura 2.22 – Tecido adiposo marrom

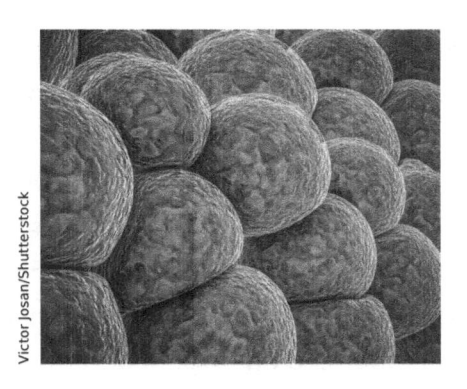

- **Produção basal de calor**: nesse caso, o calor é gerado por órgãos durante o metabolismo basal que inclui o catabolismo e o anabolismo de proteínas. Durante o catabolismo, há produção de calor pelas quebras de ligações entre aminoácidos, e, durante o anabolismo, há produção de calor na religação peptídica. Considerando que, por não ser uma máquina térmica ideal, com perdas energéticas durante os processos descritos, o corpo humano utiliza essas perdas para manter constante sua temperatura.

Em decorrência da ação da termogênese, em razão de alguns fatores do metabolismo interno dos alimentos, o organismo pode sofrer alterações como subnutrição, sono, desregulação do funcionamento da tireoide, tensão muscular, além de influenciar na prática de exercícios e na alimentação.

Dissipação de calor

Também chamada de *termólise*, a perda de calor pode ocorrer por diversos fatores. Discutiremos cada um deles a seguir.

Para que a matéria passe de um estado físico a outro, ela pode tanto receber quanto perder calor. Na Figura 2.23, mostramos um resumo dos principais estados físicos da matéria e o nome das transformações que ocorrem quando há a passagem de um a outro.

Figura 2.23 – Principais estados físicos da matéria

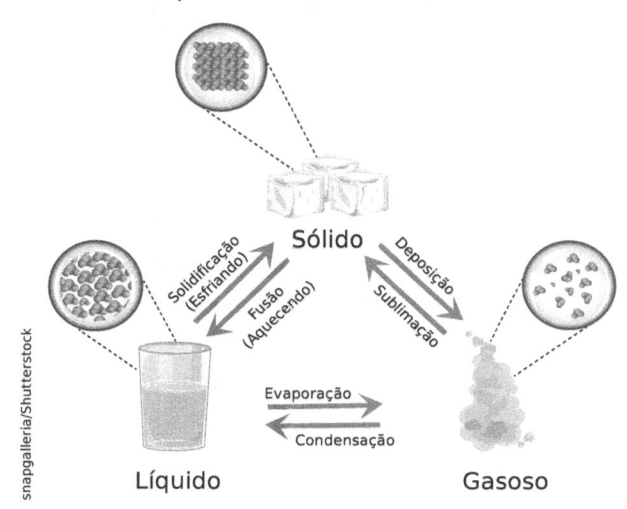

A **vaporização**, no entanto, merece atenção especial, pois pode acontecer de três maneiras distintas, conforme informações dispostas no Quadro 2.5

Quadro 2.5 – As três formas de vaporização, com suas principais características e exemplos

	Características	Exemplos
Evaporação	Processo lento. Acontece à temperatura baixa.	A roupa no varal é seca por meio desse processo. Ainda que a temperatura esteja em torno de 20 °C, em algumas horas é possível recolher a roupa já seca.

(continua)

(Quadro 2.5 – conclusão)

Características	Exemplos
Ebulição Processo rápido, porém, turbulento. Acontece quando é atingida a temperatura de ebulição.	A água entra em ebulição em alguns minutos. É possível observar sua turbulência no recipiente quando a temperatura de 100 °C é atingida sob pressão de 1 atm.
Calefação Processo muito rápido. Acontece quando o líquido entra em contato com uma superfície superaquecida, ou seja, a temperatura da superfície é maior que a do líquido.	Quando o líquido entra em contato com a superfície, a mudança de estado físico é imediata.

Observando-se as características explicitadas no Quadro 2.5, é razoável inferir que a vaporização do corpo humano ocorre por evaporação, tanto na pele quanto nos pulmões. Essa estratégia corresponde a cerca de 20% a 25% de todo o calor perdido pelo corpo humano.

Além disso, outra causa da termólise está na **radiação**. Todo corpo que esteja com temperatura acima do zero absoluto (0 K) emite radiação na faixa do infravermelho que, espontaneamente, flui do corpo mais quente para o mais frio. Essa passagem de calor pode ser calculada pela grandeza **fluxo de calor** ($\varnothing$), dependente da área de exposição do corpo radiante e do gradiente de temperatura entre o emissor e o receptor. A pele humana, independentemente de sua cor, é um excelente emissor de calor por ter alto suprimento sanguíneo e por estar sob controle do sistema nervoso central.

As extremidades têm as melhores condições para favorecer as trocas de calor, uma vez que nelas há muita comunicação entre artérias e veias de pequeno calibre e, consequentemente, grande fluxo sanguíneo.

Em um meio com variação de temperatura, a circulação sanguínea da superfície da pele é alterada pela liberação de uma substância química, a acetilcolina, um mediador químico. Esse importante hormônio é responsável pela transmissão das mensagens, provocando a vasodilatação, a redução da frequência cardíaca, o aumento de secreções, o relaxamento intestinal e a contração muscular, alterando a radiação de calor do corpo.

Os fluidos – ou seja, os líquidos e os gases – têm a capacidade de transmitir calor pela movimentação de massas. Quando uma porção do fluido recebe calor, ela é aquecida, aumentando, assim, a agitação de suas moléculas e favorecendo sua dilatação. O aumento do volume diminui a densidade. Nesse momento, o empuxo do fluido é maior que seu peso, movendo-o para cima, ou seja, sofrendo movimento ascendente. O processo inverso provoca um deslocamento descendente da massa. Essa movimentação é chamada de ***corrente de convecção***.

No corpo humano, a **convecção** pode ser evidenciada quando massas de ar recebem calor da pele e tão logo se movem, possibilitando que outras quantidades ocupem esses espaços e reiniciem o processo. A ação do vento favorece a perda de calor por convecção, pois colabora para o movimento das massas do fluido. Por isso, a sensação térmica é sempre menor quando está ventando.

Já o processo de **condução** ocorre quando há transferência de calor após contato entre objetos com temperaturas distintas. A perda ou o ganho de calor pelo contato direto com determinadas roupas e colchões, no caso de pessoas adoentadas, pode ser citado como exemplo. O fluxo de calor que escoa de um corpo a outro depende: da diferença de temperatura entre os dois objetos que participam da transferência; da área que possuem; da constante de condutividade térmica. Essa constante está relacionada com o potencial dos materiais de conduzir o calor com maior ou menor facilidade. Se um material tem uma constante de condutividade (k) alta, diz-se que é um bom **condutor de calor**, caso

contrário, é considerado um bom **isolante de calor**.
Alguns exemplos de valores dessa constante estão explicitados no Quadro 2.6.

Quadro 2.6 – Coeficientes de condutividade térmica para alguns materiais

Material	Coeficiente de condutividade térmica (cal/m · s °C)
Ar	0,026
Madeira	0,2
Borracha	0,372
Água	1,4
Alumínio	235
Gordura subcutânea	0,45
Pele	0,898
Sangue	1,31
Músculo	1,53
Osso	2,78

Fonte: Elaborado com base em Halliday, Resnick, 1994, p. 73

Radiação residual

Com base nos conceitos explorados neste capítulo, você seguramente compreendeu a relação entre diferentes sistemas que compõem os organismos. Partindo de estruturas minúsculas, como átomos e moléculas, chegamos à composição de sistemas aparentemente tão distintos, mas que se interligam e são interdependentes para o funcionamento do todo.

Você pôde verificar que conceitos físicos importantes como pressão, velocidade, calor, temperatura, torque e tensão são a base do funcionamento harmonioso entre os sistemas circulatório, respiratório e renal.
No entanto, como expusemos, para que todos os sistemas possam desempenhar suas funções,
a temperatura do organismo precisa estar ajustada.
Para isso, estratégias de produção ou dissipação de calor garantem que a temperatura não atinja valores que possam comprometer a existência de macromoléculas, células, tecidos e sistemas.

Absorção fotônica

1) Com exceção dos vírus, todos os organismos são constituídos por células que, por sua vez, são formadas por átomos e moléculas. Das alternativas a seguir, assinale a que apresenta o nome do conjunto de células cujas estruturas e funções são semelhantes:
   a) Órgão.
   b) Tecido.
   c) Organismo.
   d) Macromolécula.
   e) Sistema.

2) No que se refere à utilização de alavancas para o favorecimento dos movimentos no corpo humano, classifique em verdadeira (V) ou falsa (F) cada afirmativa que segue:

( ) Para ficarmos na ponta dos pés, contamos, no movimento, com uma alavanca inter-resistente, que garante maior vantagem mecânica.

( ) O movimento de pinça que fazemos ao pegar um grão de feijão de uma superfície é realizado por uma alavanca do tipo interpotente, que garante maior amplitude de movimento dos dedos polegar e indicador.

( ) O ângulo de penação é um fator importante para maximizar a vantagem mecânica das alavancas dispostas no corpo humano, em parceria com a força potente realizada pelo músculo.

( ) O movimento realizado pelo antebraço para elevar algum objeto até o ombro acontece pela utilização de uma alavanca interfixa.

( ) O movimento do pescoço para cima ou para baixo acontece de forma mais fácil porque mobiliza uma alavanca interfixa, que requer menor força potente, para executar o giro da cabeça.

Agora assinale a alternativa que contém a sequência correta de classificação:

a) F, V, F, V, F.
b) V, V, F, F, F.
c) F, F, F, V, V.

d) V, V, V, F, V.
e) V, F, V, F, V.

3) Assinale a alternativa que contém apenas estratégias responsáveis por favorecer a termólise no corpo humano:
   a) Calafrios, uso do tecido adiposo marrom e produção basal.
   b) Condução, convecção, radiação e uso do tecido adiposo marrom.
   c) Radiação, condução, calafrios e produção basal.
   d) Vaporização, convecção, radiação e calafrios.
   e) Vaporização, radiação, convecção e condução.

4) Os rins são estruturas fundamentais pertencentes ao sistema excretor. Sua função é, além de expelir resíduos do corpo, eliminar excessos que possam comprometer o bom funcionamento do organismo. Esses importantes órgãos contam com uma camada central denominada *medula*, mais escura e interna, e uma camada mais clara e periférica, chamada de *córtex*. Na medula renal há estruturas cônicas e que têm a função de coletar a urina nos néfrons. Dos néfrons, a urina deve chegar até a bexiga urinária, na qual é armazenada.

   Assinale a alternativa que contém o nome do(s) órgão(s) responsável(is) por transportar a urina dos rins até a bexiga:
   a) Pirâmide renal.
   b) Papila renal.

c) Cápsula fibrosa.
d) Ureteres.
e) Cálice maior.

5) No que se refere ao sistema circulatório e vascular, classifique em verdadeira (V) ou falsa (F) cada afirmativa que segue:

( ) A circulação sanguínea é subdividida em circulação pulmonar – mecanismo pelo qual o sangue chega até os pulmões com o objetivo principal de ser oxigenado – e circulação sistêmica – pela qual o sangue irriga os demais tecidos do corpo humano.

( ) As veias são vasos sanguíneos que levam o sangue do coração para os demais tecidos do corpo. Por receberem alta pressão do bombeamento cardíaco, as artérias necessitam de grande calibre, alto grau de resistência e elasticidade.

( ) A pressão sanguínea corresponde à força por unidade de área que o sangue faz nas paredes dos vasos sanguíneos e ocorre pela contração dos ventrículos.

( ) O fluxo sanguíneo, definido pela lei de Ohm, é diretamente proporcional à resistência, ou seja, quanto maior a resistência, maior o fluxo sanguíneo.

( ) O ventrículo esquerdo realiza sístole e impulsiona o sangue para a artéria aorta, cavidade cardíaca na qual o músculo miocárdio é extremamente espesso.

Agora assinale a alternativa que contém a sequência correta de classificação:

a) V, F, V, F, V.
b) F, V, F, V, F.
c) V, V, F, V, V.
d) F, F, V, F, V.
e) V, F, F, F, V.

6) Sobre os músculos e a contração da fibra muscular, classifique em verdadeira (V) ou falsa (F) cada afirmativa a seguir:

( ) A célula muscular é chamada de *fibra muscular* e a membrana plasmática dessa célula é conhecida como *sarcoplasma*.

( ) Sarcômero é a região compreendida entre duas linhas Z, local em que se prendem as extremidades da actina.

( ) O cálcio é liberado graças à entrada de sódio na fibra muscular, sendo importante para que haja força de atração entre os filamentos de actina e miosina.

( ) A grande eficiência do músculo está relacionada com o baixo gasto energético de que necessita para a contração.

( ) O potássio é liberado graças à entrada de sódio na fibra muscular, sendo importante para que haja força de atração entre os filamentos de actina e miosina.

Agora assinale a alternativa que contém a sequência correta de classificação:

a) F, F, V, F, V.
b) F, V, V, F, F.
c) V, V, V, F, F.
d) V, F, V, F, V.
e) F, V, F, F, V.

7) O sistema circulatório apresenta dois tipos principais de circulação: a pulmonar e a sistêmica. A pressão altera-se bastante em cada um desses momentos. Assinale a alternativa **incorreta** em relação à fisiologia desse sistema:

a) A circulação sistêmica é responsável por levar sangue arterial para os órgãos do corpo, ao passo que a pulmonar leva sangue venoso para ser oxigenado nos pulmões.

b) Veias e artérias são importantes vasos sanguíneos, sendo que as ramificações e o estreitamento de calibre desses vasos formam, respectivamente, as vênulas e as arteríolas. Estas últimas formam os capilares sanguíneos.

c) O volume de sangue que está presente no interior dos vasos sanguíneos é diferente e depende, principalmente, do calibre e da área de seção transversa do vaso em questão. Quanto maior forem o calibre e a área, maior será o volume de sangue presente.

d) Segundo a lei de Ohm, quanto maior é a resistência de um vaso sanguíneo, menor é o fluxo presente em seu interior. Ainda por essa lei, que esse fluxo também está relacionado com a diferença de pressão nas extremidades desse vaso.

e) A pressão sanguínea, que é grande na sístole do ventrículo esquerdo, é responsável por encaminhar o sangue para todo o corpo. Ao longo do trajeto do sangue, a pressão vai diminuindo, chegando a níveis próximos a zero no átrio direito.

8) O sistema renal ou urinário tem como função principal retirar as excretas do sangue e encaminhá-las para o meio externo pela uretra. Sobre esse sistema, assinale a alternativa correta:

a) Os néfrons filtram um volume médio diário de sangue próximo a 40 litros, o que ocorre porque o filtrado glomerular permanece muito tempo dentro do néfron.

b) É normal a presença de proteínas na urina humana, pois o tamanho delas é inferior às aberturas presentes na membrana plasmática.

c) Embora a água comece a ser absorvida na alça de Henle, a maior porcentagem dela retorna para o sangue no túbulo contorcido distal graças à presença do bicarbonato no plasma sanguíneo.

d) A pressão exercida no néfron é alta na cápsula de Bowman e vai diminuindo, progressivamente, ao longo do percurso, sendo próxima a zero no ducto coletor.

e) A grande pressão com que a urina é eliminada do néfron a faz passar rapidamente pela pelve renal e chegar até o ureter.

Interações teóricas

Salto quântico

1) Problemas de pressão afetam muitos brasileiros atualmente, com destaque para a hipertensão, ou seja, a pressão alta. No entanto, a pressão muito baixa também oferece riscos à saúde, assim como nos casos em que as duas pressões (diástole e sístole) apresentam valores muito próximos. Com base nisso, construa uma tabela em que caracterize os três casos de alteração da pressão sanguínea. Aponte ainda fatores desencadeadores de cada caso, o significado de seus valores e as estratégias de prevenção para cada situação.

2) Faça uma pesquisa sobre a hipotermia, reunindo informações como sua definição, suas fases, seus tipos, suas causas, seus sintomas e seu tratamento. Depois, relacione os malefícios desse estado nos sistemas circulatório, respiratório e renal. Além disso, enumere as estratégias que um corpo utiliza em estado de hipotermia para tentar produzir calor.

Relatório do experimento

1) Analise os mais variados movimentos executados por seu corpo. Associe a eles diferentes tipos de alavancas. Classifique-as e estabeleça estratégias para potencializar a vantagem mecânica em cada caso, diminuindo a força potente exercida pelos músculos.

Visão e audição: formação de imagem, audição e produção de sons

3

Primeiras emissões

Para observar o mundo a seu redor, o homem faz uso de sentidos como o olfato, a audição, a visão, o tato e a gustação. Ainda que cada um tenha sua importância particular, a visão e a audição agregam muita informação para a percepção humana da realidade e dos fenômenos cotidianos. Tendo isso em mente, neste capítulo, abordaremos as características e os fenômenos que envolvem luz e som, ou seja, que têm relação com a formação das imagens e dos sons que produzidos e percebidos pelos seres humanos.

3.1 Reflexão e refração na formação de imagens

Todos os fenômenos que envolvem a **luz**, suas propriedades e sua propagação são estudados pela **óptica**. Antes de tratarmos desses estudos, faz-se necessário inicialmente esclarecermos a natureza da luz para explicar muitos dos fenômenos comuns como a **reflexão**, quando a luz permanece no meio do qual incidiu, e a **refração**, quando ela altera seu meio de propagação, tendo sua velocidade alterada.

3.1.1 A natureza da luz

Desde a Antiguidade, o homem busca compreender fenômenos que tenham relação com a luz. Para

os gregos Empédocles (495 a.C.-430 a.C.) e Platão
(ca. 428 a.C.-ca. 348 a.C.), esta seria originada por feixes
emitidos pelos olhos e que interagiriam com os objetos,
possibilitando que estes fossem visualizados. Já para
Leucipo de Mileto (s.d.-370 a.C.), a luz seria constituída
por pequenas partículas irradiadas pelos corpos que
podem ser observados.

Na busca histórica pela compreensão da natureza da
luz, identificam-se duas concepções: uma que a considera
como onda, e outra que a entende como matéria.
A segunda mostrou-se uma constante ao longo de muitos
séculos. Para Isaac Newton (1643-1727), a luz seria
formada por pequenas partículas. Contemporaneamente
a ele, Christiaan Huygens (1629-1695) propunha
à comunidade científica que a natureza da luz deveria ser
explicada por uma **teoria ondulatória**. Um pouco mais
tarde, Thomas Young (1773-1829) comprovou tal teoria
com uma experimentação que ainda recebeu o reforço de
James Clerk Maxwell (1831-1879), no século XIX, com base
em estudos com campos elétricos e magnéticos.
Nas Figuras 3.1 e 3.2, é esquematizada uma experiência
que contradiz a teoria corpuscular da luz e reforça a teoria
ondulatória. Se a luz se comportasse como partícula,
a Figura 3.1 representaria o seu comportamento.
No entanto, o fenômeno observado é mais bem
representado pela Figura 3.2, que trata a luz como
uma onda.

Figura 3.1 – Trajetória da luz se fosse construída por partículas

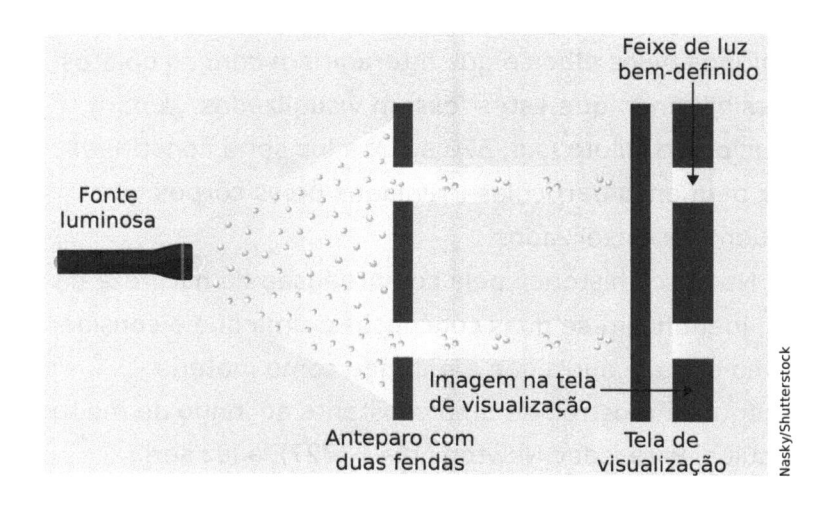

Fonte luminosa / Anteparo com duas fendas / Imagem na tela de visualização / Tela de visualização / Feixe de luz bem-definido

Figura 3.2 – Trajetória da luz se fosse constituída por ondas eletromagnéticas

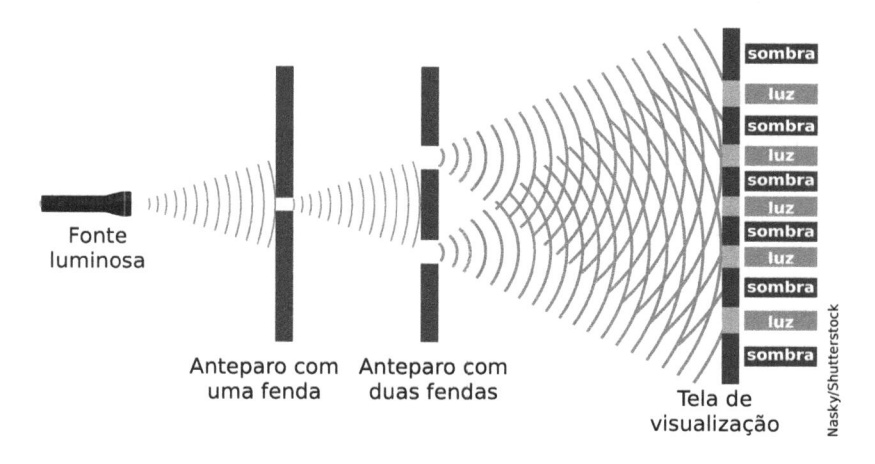

Fonte luminosa / Anteparo com uma fenda / Anteparo com duas fendas / Tela de visualização / sombra / luz

Quando a compreensão sobre o fenômeno da luz caminhava para uma definição, Albert Einstein (1879-1955) apresentou evidências do comportamento corpuscular da luz –partículas –, mas como minúsculos "pacotes de energia", ou seja, sem excluir a teoria ondulatória. Esses pacotes receberam o nome de **fótons**. Com base nessa teoria, chamada de **dualidade onda-partícula** – aceita até hoje –, a luz propaga-se como uma onda, mas interage como partícula, isto é, os fenômenos comprovam uma teoria ou outra, nunca as duas simultaneamente.

Figura 3.3 – Dualidade onda-partícula

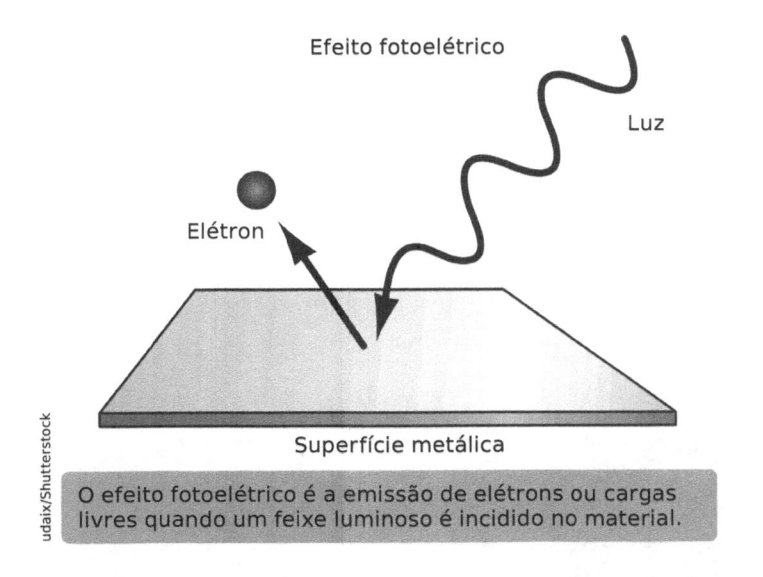

Efeito fotoelétrico

Luz

Elétron

Superfície metálica

O efeito fotoelétrico é a emissão de elétrons ou cargas livres quando um feixe luminoso é incidido no material.

udaix/Shutterstock

Na Figura 3.3, é apresentado um esquema do **efeito fotoelétrico**. Nesse fenômeno, há uma emissão de elétrons por uma onda eletromagnética de alta energia, o que comprova o comportamento corpuscular da luz.

3.1.2 O espectro visível da luz

O **espectro eletromagnético** compreende um intervalo completo das radiações eletromagnéticas, que comportam desde as ondas de rádio (menor frequência) até os raios gama (maior frequência). Dentro dessa faixa está o **espectro visível da luz**. Esse intervalo comporta desde a luz vermelha (menor frequência) até a luz violeta (maior frequência). As radiações que estão dentro dessa faixa são capazes de sensibilizar o olho humano de uma pessoa sem anomalias. As demais radiações do espectro eletromagnético serão estudadas de forma mais aprofundada no Capítulo 5.

Figura 3.4 – Espectro eletromagnético

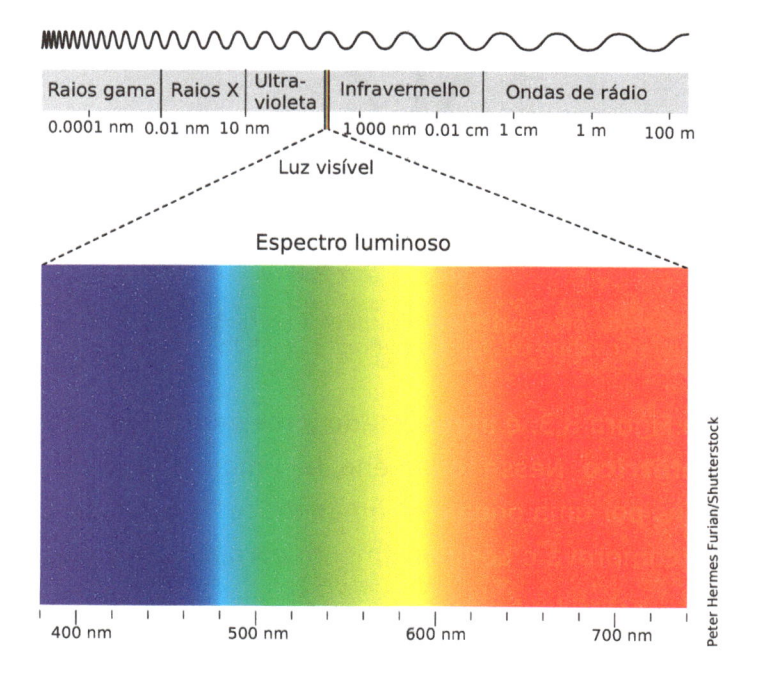

O espectro de luz visível inicia com a cor vermelha, de frequência em torno de $4 \cdot 10^{14}$ Hz e comprimento de onda 740 nm, e termina com a cor violeta, de frequência em torno de $7,5 \cdot 10^{14}$ Hz e comprimento de onda 420 nm. Abaixo dessa frequência, estão as radiações infravermelhas e, acima dela, as radiações ultravioletas.

3.1.3 Princípios básicos da óptica geométrica

De forma didática, para facilitar os estudos acerca da óptica, é usual dividi-la em duas partes:

- **Óptica física**: estuda o comportamento da luz quando considerada onda.
- **Óptica geométrica**: estuda fenômenos em que se considera o feixe luminoso um ente geométrico, possibilitando, assim, compreender a formação das imagens em diferentes sistemas ópticos.

Para construir as representações geométricas das imagens, detalharemos a seguir os três princípios básicos, quais sejam: **propagação retilínea da luz**, **reversibilidade dos feixes de luz** e **independência dos feixes luminosos**.

Propagação retilínea da luz

Se um feixe de luz se propaga em um meio isotrópico – de mesmas propriedades físicas –, homogêneo – apresenta-se somente em uma fase – e transparente –

permite passagem integral da luz –, sua propagação acontece em linha reta. As principais consequências desse princípio são a formação de sombras e penumbras, como no caso dos eclipses total e parcial. Também é possível mencionar, como exemplo, a formação das imagens na câmara escura que deu origem às máquinas fotográficas.

Figura 3.5 – Eclipse solar total e parcial

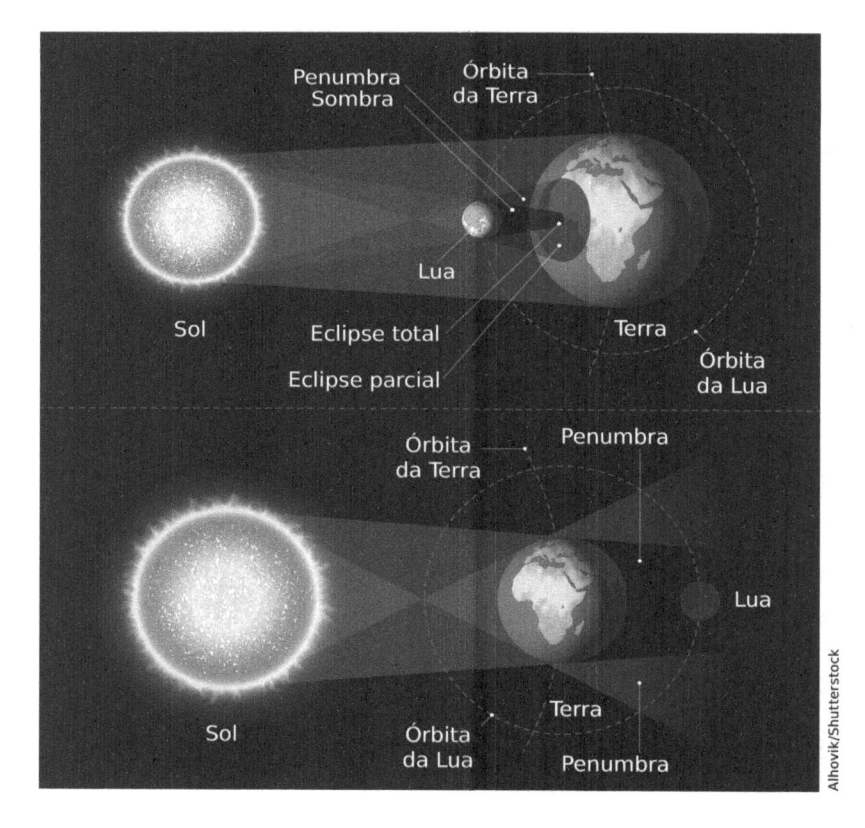

Reversibilidade dos feixes de luz

Caso seja invertido o sentido de propagação de um feixe de luz que se propaga em um meio isotrópico, homogêneo e transparente, sua trajetória não se altera.

Figura 3.6 – Exemplo de reversibilidade dos feixes luminosos

byswat/Shutterstock

O fato de podermos enxergar alguém através de um espelho e esse observador também conseguir nos ver é um bom exemplo desse princípio.

Independência dos feixes luminosos

Ao se cruzarem, dois feixes luminosos sofrem o fenômeno da **interferência**, mas, depois disso, continuam suas trajetórias como se o cruzamento não tivesse acontecido, ou seja, independentemente desse encontro. Em *shows* com holofotes é possível observar esse princípio.

Figura 3.7 – Cruzamento de feixes luminosos

Por exemplo, se um holofote de luz amarela direcionado para iluminar o lado direito de um palco cruzar com outro que emite luz azul, direcionado para o lado esquerdo, no ponto de encontro a luz verde será formada; contudo, depois desse ponto, cada uma seguirá sua trajetória como se o cruzamento não tivesse acontecido.

3.1.4 Fenômenos ópticos: reflexão e refração da luz

Dois fenômenos ópticos importantes na formação de imagens são a **reflexão** e a **refração**. Vejamos as características de ambos para compreender como as imagens dos objetos são formadas.

Reflexão da luz

Quando a luz incide em uma superfície e retorna para o meio do qual incidiu, ela sofre o fenômeno da reflexão. Nesse caso, todas as características do feixe de luz incidente são mantidas depois da reflexão, como a velocidade, a frequência, a amplitude, o comprimento de onda. Apenas a direção é alterada, conforme se observa na Figura 3.8.

Figura 3.8 – Leis da reflexão da luz

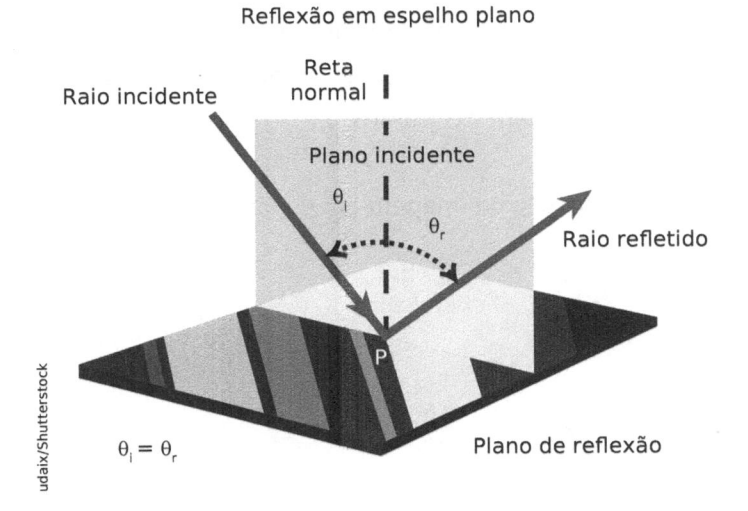

Reflexão em espelho plano

Raio incidente
Reta normal
Plano incidente
θ_i
θ_r
Raio refletido
P
$\theta_i = \theta_r$
Plano de reflexão

udaix/Shutterstock

Perceba que a reflexão obedece a duas leis:

- **1ª lei**: o ângulo incidente é igual ao ângulo de reflexão ($\theta_i = \theta_r$).

- **2ª lei:** o raio incidente, a reta normal – perpendicular à superfície – e o raio refletido são coplanares, ou seja, estão contidos no mesmo plano.

Essas duas leis são fundamentais para a formação das imagens em **espelhos planos**. Note na Figura 3.9 que o objeto precisa receber iluminação. Os raios são refletidos de forma difusa – irregular – na pele do menino ali considerado o objeto. Esses raios refletidos incidem na superfície do espelho e, obedecendo às leis da reflexão, formam a imagem do garoto, que está representada do lado direito do espelho.
Os três raios refletidos chegam aos olhos do observador, mas são seus prolongamentos atrás do espelho que constituem a imagem do objeto.

Figura 3.9 – Formação da imagem em espelhos planos

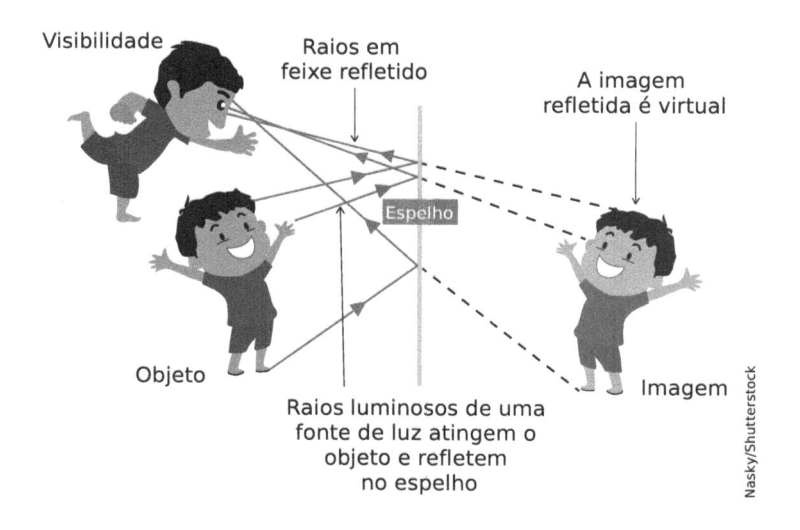

Todas as imagens formadas por objetos reais podem ser classificadas de acordo com sua natureza de formação, com sua orientação e com seu tamanho.

Quanto a sua natureza de formação, a imagem pode ser **real**, formada a partir do encontro dos raios luminosos incidentes sobre o espelho, ou **virtual**, formada a partir do encontro dos prolongamentos dos raios luminosos incidentes sobre o espelho.

Analisando a orientação da imagem formada, ela pode ser **direita**, com a mesma orientação do objeto, ou **invertida**, com orientação oposta à do objeto.

Sobre o seu tamanho, a imagem pode ser classificada de três maneiras por mera comparação com o objeto: **maior**, **menor** ou **igual**.

No exemplo apresentado na Figura 3.9, perceba que a imagem do objeto, que nesse caso se trata do menino, é formada pelos prolongamentos dos raios, ou seja, é classificada como **virtual.** Como ela está na mesma orientação do objeto que a formou, recebe a classificação **direita** e, por comparação direta, tem tamanho **igual** ao do objeto.

Além disso, no caso dos espelhos planos, outras duas características podem ser apreendidas. Por estar à mesma distância do espelho que o objeto, a imagem é classificada como **simétrica** e, uma vez que o objeto e a imagem não se sobrepõem, esta é considerada **revertida** em relação àquele.

De forma resumida, a imagem formada por objetos reais, em um espelho plano, é virtual, direita, igual ao objeto, simétrica e revertida.

No entanto, a reflexão da luz também pode ser observada em superfícies esféricas, como no caso dos espelhos **côncavos** e **convexos**.

Figura 3.10 – Espelhos esféricos

Havoc/Shutterstock

A imagem formada nesses espelhos depende da distância relativa entre o objeto e a superfície refletora. Dessa forma, para entender como ocorre a formação da imagem neles, primeiramente precisamos definir alguns elementos determinados para essas superfícies.

Na Figura 3.11 estão posicionados três pontos importantes para a formação de imagens. No espelho côncavo, a superfície refletora fica na parte interna, ao passo que, no espelho convexo, esta fica na parte externa. O **vértice (V)** é o ponto em que a reta imaginária chamada *eixo principal* atravessa o espelho. Já o **centro de curvatura (C)** é justamente o centro da esfera que originou o espelho. Por fim, o **foco principal (F)** corresponde ao ponto médio situado entre o centro de curvatura e o vértice do espelho. O desenho da Figura 3.11 é uma representação esquemática muito utilizada para os espelhos esféricos.

É possível, ainda, definir algumas distâncias a partir dos pontos representados na Figura 3.11, as quais são essenciais para a formação das imagens tanto nos espelhos esféricos quanto nas lentes delgadas. Uma dessas distâncias é a **distância focal (f)**, que corresponde à semirreta formada entre o vértice e o foco principal. Outra distância importante é o **raio de curvatura (r)**, a semirreta formada entre o centro de curvatura e o vértice do espelho.

Figura 3.11 – Elementos dos espelhos esféricos

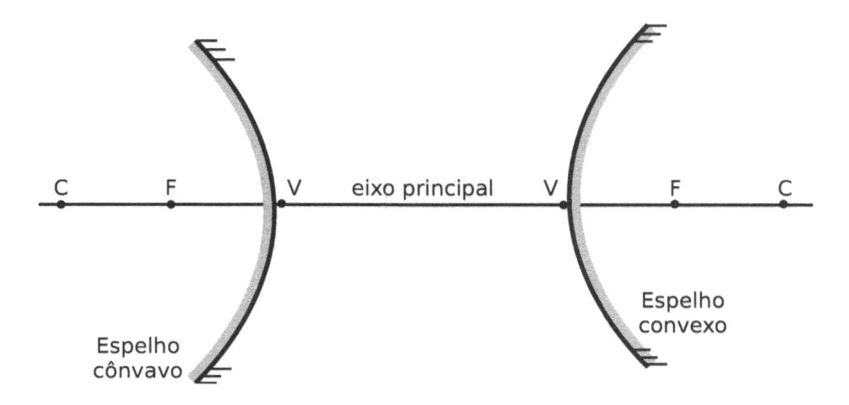

Com base nos elementos posicionados na Figura 3.11, os feixes luminosos que incidem na superfície do espelho têm um comportamento particular. A esses raios é dado o nome **raios notáveis**. Saber como se comportam é essencial para a formação de imagens nessas superfícies e nas lentes delgadas. Há literaturas que apresentam quatro raios notáveis distintos, mas, como são necessários apenas dois para obter a imagem de um objeto real, focaremos neles.

Todo feixe luminoso que incide na superfície do espelho, paralelamente ao eixo principal, é refletido passando pelo foco (F) do espelho.

A Figura 3.12 ilustra o comportamento desse raio notável para o espelho côncavo, e a Figura 3.13, para o espelho convexo.

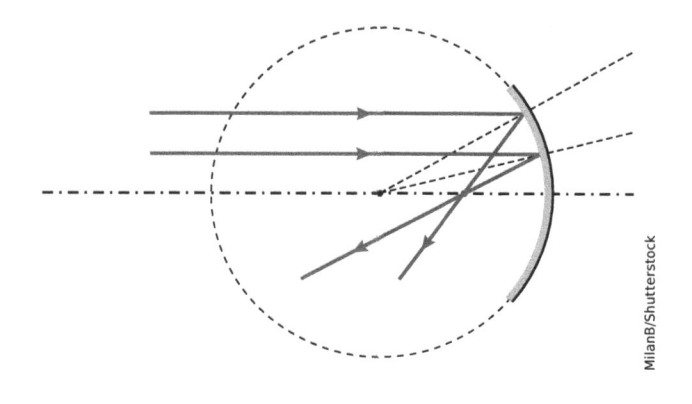

Figura 3.12 – Comportamento de raio notável para espelhos côncavos

Figura 3.13 – Comportamento de raio notável para espelhos convexos

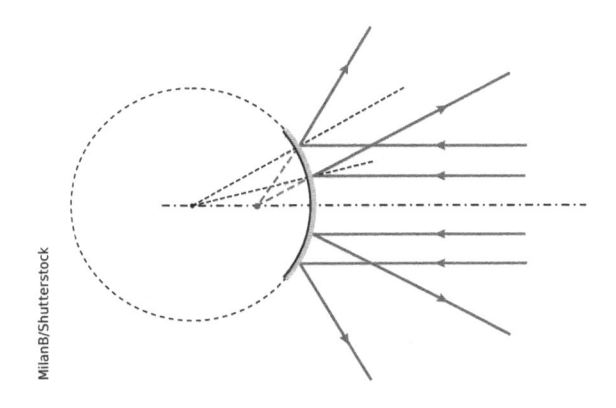

> Todo feixe luminoso que incide no vértice do espelho é refletido simetricamente ao eixo principal.

A Figura 3.14, por sua vez, mostra o comportamento desse raio notável para o espelho convexo.

Figura 3.14 – Comportamento de raio notável para espelhos convexos

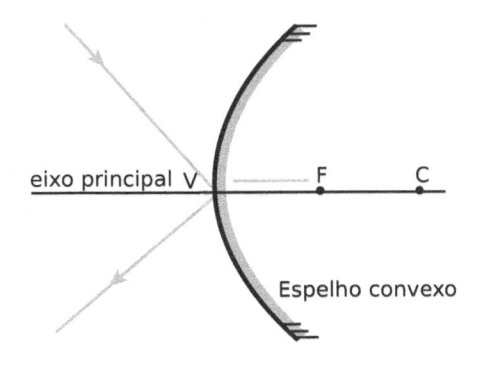

Agora que já demonstramos o comportamento dos raios notáveis, podemos esclarecer como se dá a formação das imagens para os espelhos esféricos com base no posicionamento do objeto em relação à superfície refletora.

Acompanhe a sequência das Figuras 3.15, 3.16, 3.17 e 3.18, especialmente para os espelhos côncavos. À medida que o objeto se aproxima desse tipo de espelho, a imagem afasta-se e aumenta de tamanho. Nas figuras 3.15, 3.16 e 3.17, especificamente, as imagens formadas são reais e invertidas, diferindo apenas no tamanho e no distanciamento ao espelho. Todavia, quando o objeto se posiciona entre o foco principal e o vértice do espelho, sua imagem é muito diferente. Ao observar a Figura 3.18, perceba que a imagem se torna virtual, direita e maior que o objeto.

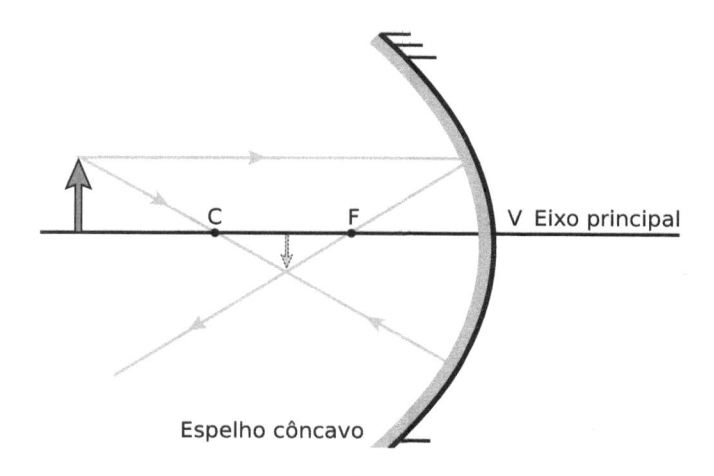

Figura 3.15 – Formação de imagem para objeto antes do centro de curvatura (C)

Figura 3.16 – Formação de imagem para objeto sobre o centro de curvatura (C)

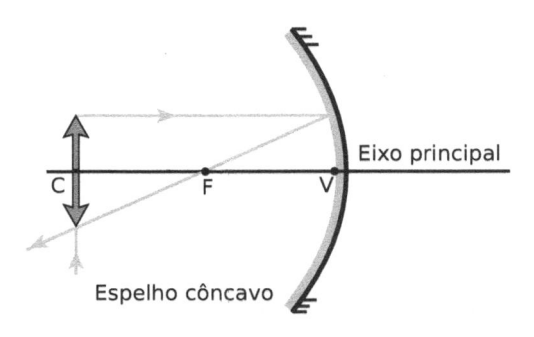

Eixo principal
Espelho côncavo

Figura 3.17 – Formação de imagem para objeto entre o centro de curvatura (C) e o foco (F)

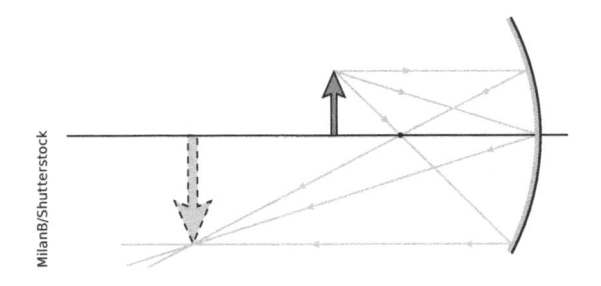

Figura 3.18 – Formação de imagem para objeto entre o foco (F) e o vértice (V)

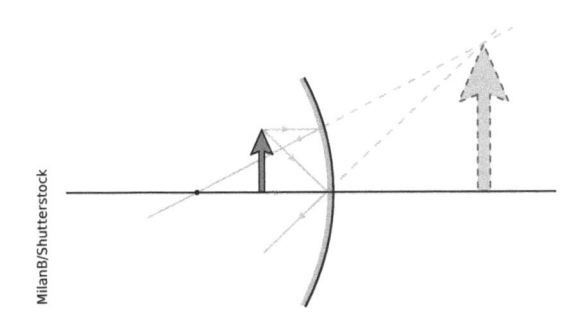

Os espelhos côncavos, portanto, formam imagens muito distintas, de acordo com a distância entre o objeto e o espelho.

Figura 3.19 – Formação de imagem para espelho convexo

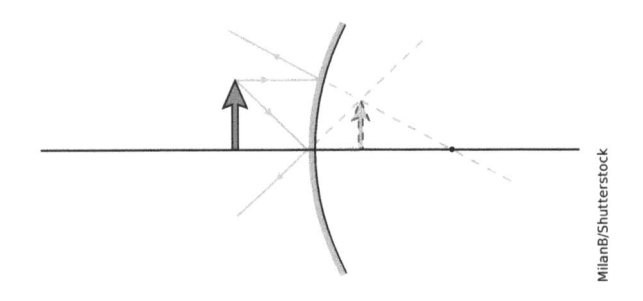

MilanB/Shutterstock

Por sua vez, os espelhos convexos formam uma imagem virtual, direita e menor que o objeto, conforme mostra a Figura 3.19.

Refração da luz

Quando incide de um meio (1) em uma superfície e passa para outro meio (2), com mudança na velocidade de propagação, a luz sofre o fenômeno da refração. Nesse caso, as características do feixe de luz incidente sofrem mudança, não aplicada a sua frequência. As demais grandezas relacionam-se de acordo com a **lei de Snell-Descartes** (Equação 3.1):

Equação 3.1

$$\frac{\eta_1}{\eta_2} = \frac{\operatorname{sen} \hat{r}}{\operatorname{sen} \hat{i}}$$

em que:

$\operatorname{sen} \hat{r}$ = o seno do ângulo de refração
$\operatorname{sen} \hat{i}$ = o seno do ângulo de incidência
η = o índice de refração do meio onde a luz se propaga, que é definido pela razão entre a velocidade da luz no vácuo (c = 299 792 458 m/s ≈ 3 · 10^8 m/s) e a velocidade da luz no meio (v) (Equação 3.2)

Equação 3.2

$$\eta = \frac{c}{v}$$

Observe na Figura 3.20 a ilustração de alguns dos elementos mencionados.

Figura 3.20 – Refração da luz

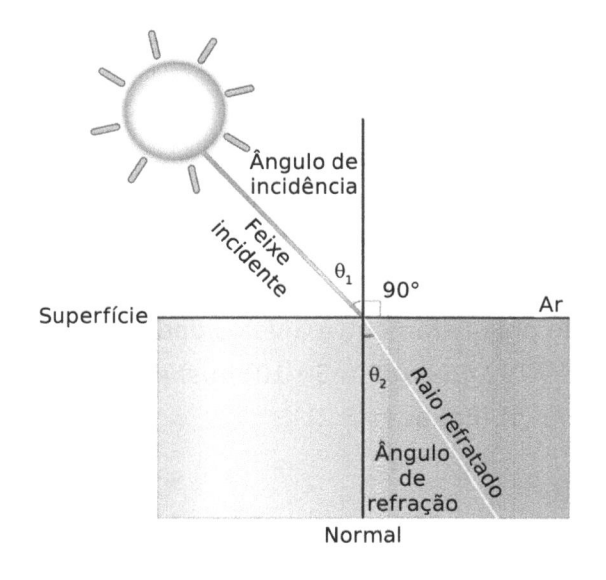

Um importante exemplo de refração acontece na passagem da luz do ar para o vidro e para o ar novamente, no caso das **lentes esféricas**.

Há dois tipos de lentes: as **convergentes** e as **divergentes**. O comportamento delas pode sofrer alteração se forem mergulhadas em um meio que apresente índice de refração maior que o do seu material. No entanto, no caso das lentes que compõem os óculos e da lente natural que compõe o olho humano, não ocorre esse problema, pois o meio onde estão mergulhadas sempre terá índice de refração menor que o delas.

Assim como para os espelhos esféricos, a formação de imagens para as lentes esféricas acontece graças ao comportamento de ao menos dois raios notáveis, como observamos na subseção anterior.

A distância entre o objeto e a lente é fundamental para a formação da imagem através das convergentes, da mesma forma que é para os espelhos esféricos côncavos. Analogamente ao espelho convexo, no caso da lente divergente, a classificação da imagem formada independe da distância do objeto à superfície.

A Figura 3.21 mostra cinco casos de imagens formadas para lentes convergentes, além de um sexto caso, de formação da imagem para lente divergente.

Figura 3.21 – Formação de imagem para lentes esféricas

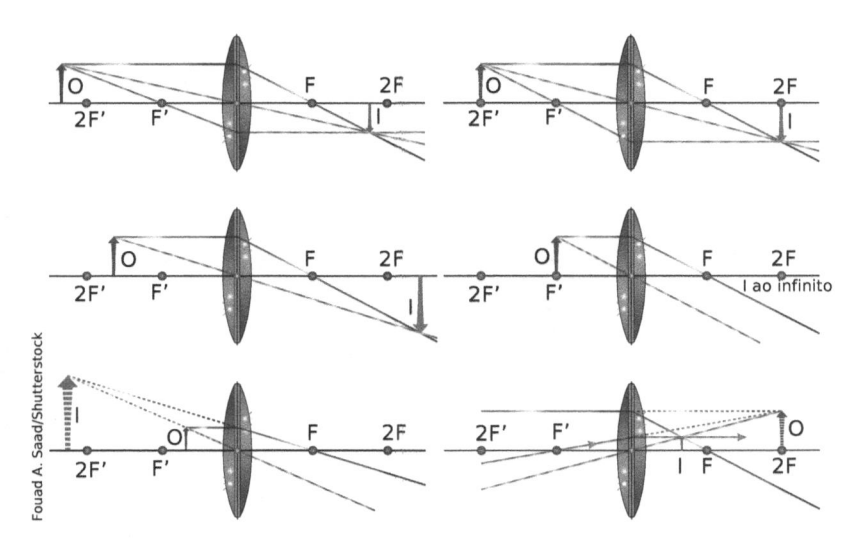

Fouad A. Saad/Shutterstock

Analisando-se a Figura 3.21, é possível classificar as imagens formadas. Como já foi definido anteriormente, quando o objeto está antes do dobro do foco (2F), sobre

2F ou entre 2F e o foco principal da lente (F), as imagens formadas são reais, invertidas e diferem apenas em tamanho, aumentando à medida que o objeto se aproxima da lente.

Se o objeto for posicionado entre F e o centro óptico da lente, a imagem muda. Então, passa a ser classificada como virtual, direita e maior que o objeto.

Por sua vez, no caso de a lente usada ser divergente, a classificação da imagem será virtual, direita e menor que o objeto que a originou.

Figura 3.22 – Imagem gerada por lente divergente

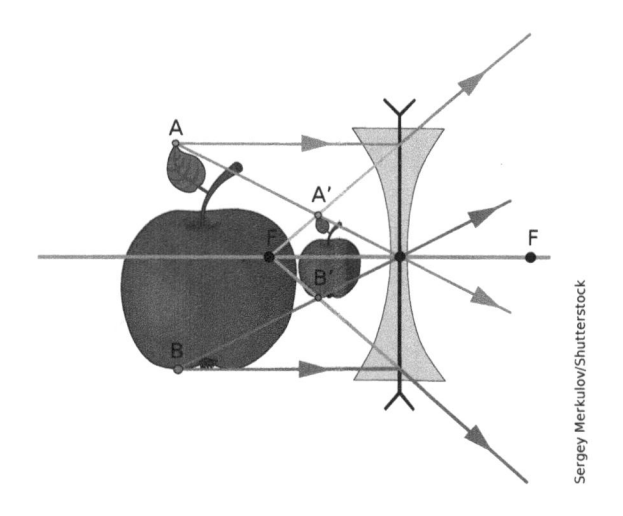

A Figura 3.22 apresenta mais um exemplo de formação de imagem para a lente divergente.

3.2 Formação da imagem no olho humano e interpretação da imagem

Por suas características, o olho humano pode ser considerado um instrumento óptico que, através da refração da luz, é capaz de formar imagens dos objetos que observa. Esse órgão dispõe de uma lente convergente com distância focal variável que forma imagens, conforme explicitamos na Seção 3.1. Agora vamos, então, aplicar tais conhecimentos para detalhar a formação de imagens no olho e os defeitos que podem interferir na obtenção delas.

3.2.1 Anatomia do olho humano

Quando chega ao olho humano, a luz entra por uma abertura chamada ***pupila***, que tem a capacidade de adaptar seu tamanho de acordo com a necessidade. Ela pode aumentar em regiões escuras para potencializar a entrada de luz ou diminuir para reduzir essa entrada em lugares com muita claridade. Em olhos saudáveis, a formação da imagem acontece na **retina**.

Na parte anterior do olho encontra-se a **mucosa conjuntiva** e a **córnea**, que é transparente e na qual ocorre a refração da luz. As demais regiões do olho contam com a membrana **esclerótica**, que dá forma ao globo; com a membrana **coroide**, responsável pela nutrição da retina; e com a membrana **retina**, que detecta a luz.

A Figura 3.23 ilustra alguns elementos importantes que compõem o olho humano.

Figura 3.23 – Elementos que compõem o olho humano

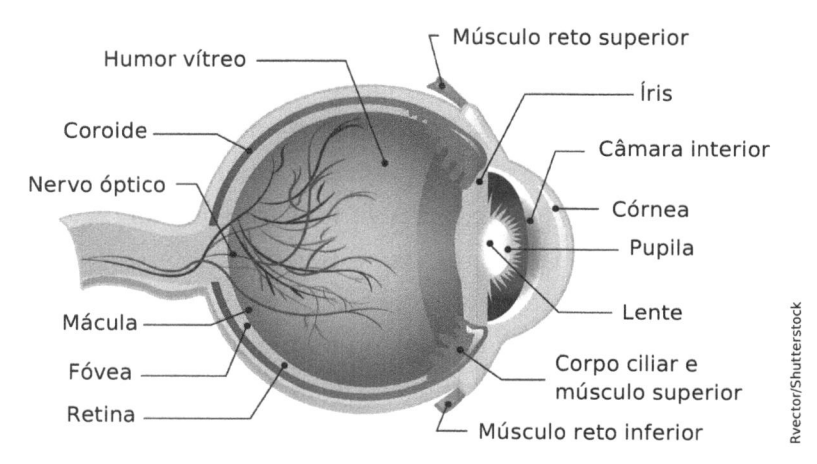

Na retina, esquematizada na Figura 3.24, há uma estrutura sensível na qual aproximadamente 125 milhões de receptores, chamados de **cones** e **bastonetes**, recebem a imagem. Os bastonetes têm como função reconhecer a luz, ao passo que os cones são células específicas para a identificação das cores.

Figura 3.24 – Representação esquemática da retina

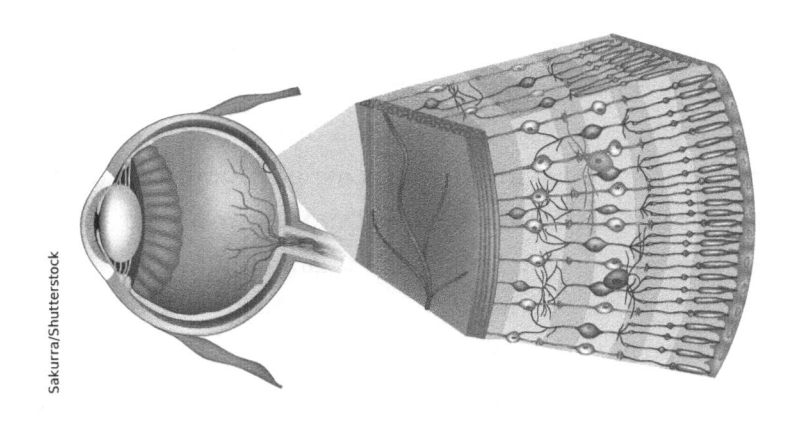

Figura 3.25 – Imagem sendo transmitida ao nervo óptico

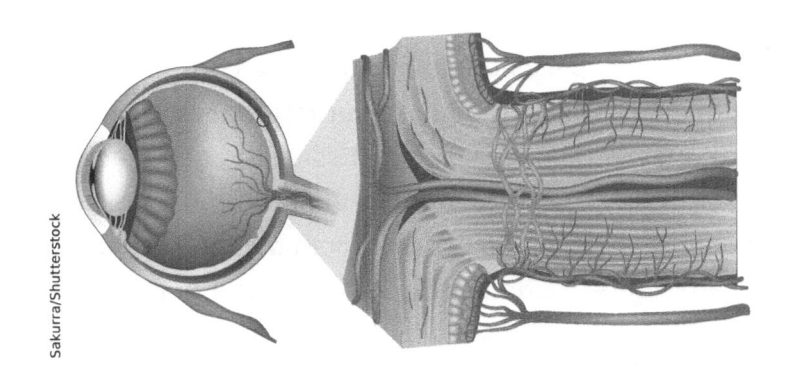

A imagem recebida, mediante inúmeras fibras, é transmitida ao **nervo óptico**, como esquematizado na Figura 3.25.

3.2.2 Formação da imagem no olho

Para facilitar o estudo da formação de imagens no olho humano, é conveniente estabelecer algumas reduções. Uma redução importante é admitir a presença de quatro interfaces refratoras: **ar/córnea**, **córnea/humor aquoso**, **humor aquoso/cristalino** e **cristalino/humor vítreo**.

Esse esquema simplificado ainda admite que a interface ar/córnea tem índice de refração igual a 1,333 e se comporta como uma lente convergente responsável pela totalidade da refração na formação da imagem. A profundidade total do olho é de aproximadamente 20 mm.

A depender da distância do objeto a ser observado, o olho humano pode sofrer modificações. Os músculos ciliares têm a capacidade de dilatar-se ou contrair-se de modo que o cristalino mude sua curvatura, assumindo formato mais ou menos esférico. Essa alteração muda a distância focal da lente, permitindo que a imagem se forme sobre a retina. No entanto, com o envelhecimento, essa capacidade tende a reduzir. A distância mais longa que o olho é capaz de focar se denomina ***ponto remoto*** **(PR)** e se situa no infinito, já a menor distância é chamada de ***ponto próximo*** **(PP)**, que, em um olho normal, vale 25 cm.

Observe agora a Figura 3.26, na qual há uma representação esquemática da formação da imagem no olho humano.

Figura 3.26 – Representação esquemática da formação de imagem pelo olho humano

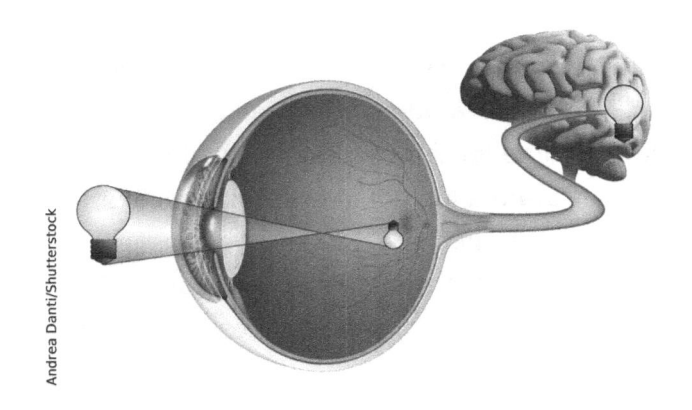

Repare que a imagem formada é real, menor que o objeto e invertida em relação a este. O cérebro responsabiliza-se por invertê-la para que o indivíduo observador possa ver os objetos na orientação correta.

3.2.3 Defeitos visuais do olho humano

No que se refere ao formato do olho, há algumas anomalias que comprometem a formação correta da imagem sobre a retina. É possível destacar três defeitos: a miopia, a hipermetropia e o astigmatismo.

A **miopia** é caracterizada por um eixo ocular excessivamente longo. Nesse caso a imagem se forma antes da retina. Para corrigir esse defeito a pessoa deve utilizar uma lente divergente para formar a imagem a uma distância maior, ou seja, sobre a retina.

A **hipermetropia** é o contrário da miopia. Nesse defeito, o globo ocular é encurtado. Desse modo, a imagem forma-se atrás da retina. Usando uma lente convergente, os feixes luminosos têm sua direção reposicionada para a retina.

Por fim, o **astigmatismo** é caracterizado por uma imperfeição na córnea ou no cristalino que pode ser corrigida com uma lente convergente. As imperfeições na córnea refratam a luz em diferentes direções, dificultando a visão perfeita.

Na Figura 3.27 você pode observar a formação da imagem em um olho normal e em olhos com os defeitos mencionados.

Figura 3.27 – Formação da imagem em diferentes tipos de defeitos da visão

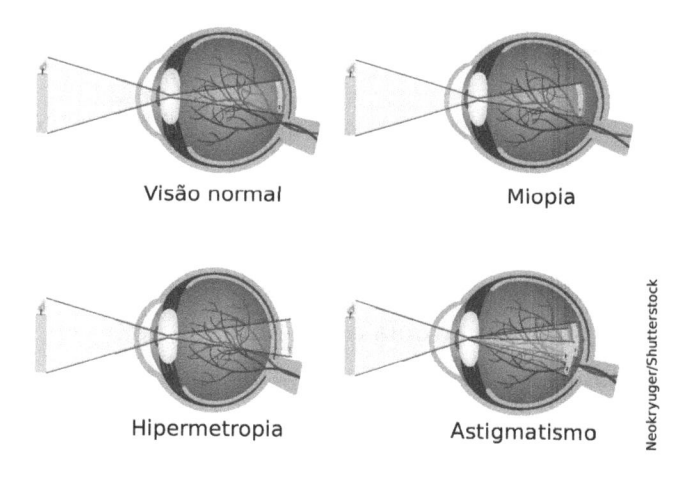

Visão normal

Miopia

Hipermetropia

Astigmatismo

Neokryuger/Shutterstock

Figura 3.28 – Representação esquemática do uso de lentes corretivas para cada defeito

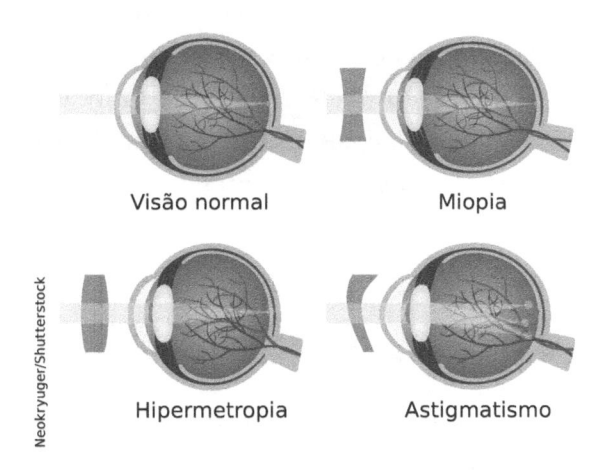

Visão normal

Miopia

Hipermetropia

Astigmatismo

Neokryuger/Shutterstock

Por sua vez, na Figura 3.28 você pode perceber como cada lente colabora para a correção do referido defeito.

3.3 Formação da imagem em olhos de animais

A presença de olhos representa uma grande vantagem competitiva em relação aos animais que não os possuem, tanto no que se refere à obtenção de alimento e abrigo quanto no que diz respeito à locomoção. É fato que alguns animais lançam mão de outras estratégias para movimentar-se, como a ecolocalização, porém a visão se constitui em uma importante ferramenta de sobrevivência.

> **Força nuclear forte**
>
> Também chamada de *biossonar*, a ecolocalização consiste na utilização da reflexão de ondas ultrassônicas para avaliar a posição ou a distância entre uma fonte emissora e determinado anteparo. Essa estratégia é utilizada em submarinos e por animais, como morcegos e golfinhos, por exemplo.

3.3.1 Ocelo

Em uma escala evolutiva da visão dos animais, o **ocelo** é a estrutura mais primitiva.

Figura 3.29 – Ocelos em platelminto

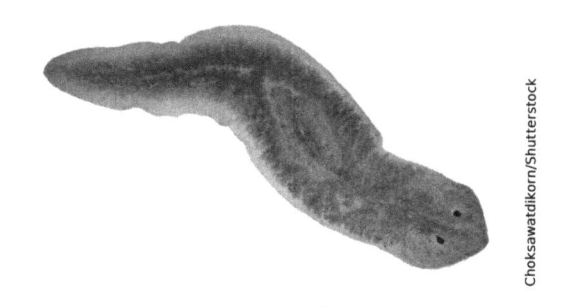

Choksawatdikorn/Shutterstock

Formado por um grupo de células fotorreceptoras conectadas a um nervo óptico, sua função é basicamente perceber a luminosidade e a direção de onde a luz vem. Essa estrutura pode ser encontrada em platelmintos e alguns insetos.

3.3.2 Olho composto

Os insetos e alguns animais marinhos têm o **olho facetado**, localizado na cabeça e constituído por milhares de receptores de luz, denominados **omatídios**, como no caso da libélula e da mosca.

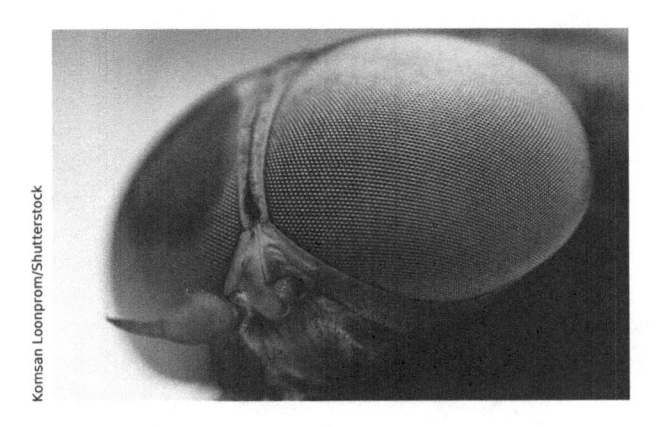

Figura 3.30 – Exemplo de olho composto

Na extremidade de cada omatídio está situada a córnea, seguida pelo cone cristalino, responsável pela convergência dos feixes luminosos para o **rabdoma**, a parte fotossensível da visão dessas espécies.
A imagem é constituída como um grande mosaico, uma vez que cada omatídio forma uma imagem própria do campo visual. O rabdoma, por sua vez, contém uma substância fotossensível capaz de absorver os fótons que dão origem a imagem.

Diferentemente dos humanos, os insetos não são capazes de enxergar todas as cores do espectro da luz visível, no entanto podem enxergar acima do violeta, facilitando sua movimentação, ainda que o céu esteja encoberto, em um dia com muitas nuvens.

3.3.3 Fotorreceptor óptico

Lulas, artrópodes e alguns vertebrados têm **fotorreceptores**, células sensíveis à luz, alongadas e posicionadas na retina como microvilosidades.

Figura 3.31 – Exemplo de olho das lulas

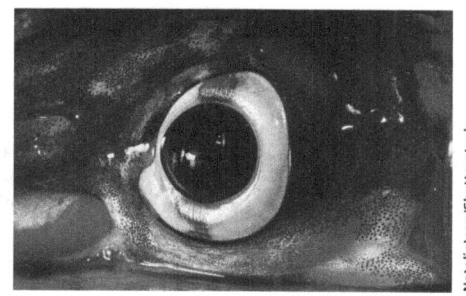

Assim que essas células recebem um fóton, há, na membrana celular, uma variação de potencial que é transportada até o cérebro do animal.

3.3.4 Visão dos vertebrados

O olho dos vertebrados é relativamente esférico, vesicular e possui uma abertura que permite a entrada da luz. Seu tamanho propicia a formação de uma imagem em uma região com grande concentração de células fotorreceptoras.

No caso dos peixes, o olho tem um cristalino em formato esférico, denso e preso por um músculo refrator que tem a propriedade de se mover para realizar a acomodação visual. A córnea é praticamente plana. A maioria das células fotorreceptoras são bastonetes. A esclerótica colabora com a rigidez do globo ocular.

Figura 3.32 – Exemplo de olho dos peixes

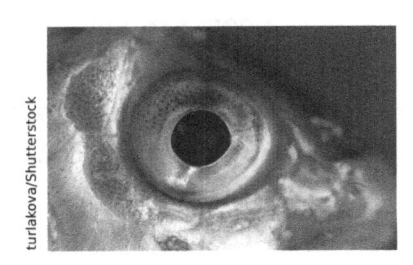

A visão dos anfíbios sofre alterações de acordo com suas fases. Enquanto está na fase larva, o olho possui cristalino esférico, o qual, na fase adulta, passa a ter formato oval. A córnea tem uma curvatura que se adapta. Há pálpebra fixa na parte superior, diferentemente de na inferior, na qual é transparente e móvel.

Figura 3.33 – Exemplo de olho dos anfíbios

A visão dos répteis, por sua vez, é contemplada com um cristalino cuja almofada anelar potencializa a acomodação visual. Alguns animais dessa classe não veem cores. A pupila pode ter formas diferenciadas. Em tartarugas, alguns lagartos e serpentes diurnas, a pupila tem formato circular. Já em crocodilos e serpentes noturnas, a forma é de fenda vertical. No entanto, em algumas serpentes arborícolas, o formato é de fenda horizontal. Um bom exemplo é a visão do camaleão, que possui grandes olhos cujos movimentos são independentes e possuem uma das maiores acomodações visuais entre os vertebrados terrestres.

Figura 3.34 – Exemplo de olho dos camaleões

Jana Vodickova/Shutterstock

No que se refere à visão das aves, os olhos são grandes e apresentam um **anel de ossículos escleróticos** que ajudam a manter o formato do globo ocular. As aves de rapina, por exemplo, têm alto poder de resolução para favorecer a caça. A retina dessas aves tem duas **fóveas** – cavidades desprovidas de bastonetes com grande quantidade de cones – para a visão binocular, havendo grande concentração de células fotorreceptoras. É por isso que a resolução da visão das aves é cerca de oito vezes maior que a dos seres humanos.

Figura 3.35 – Exemplo de olho das aves de rapina

A estrutura da visão dos mamíferos é similar à das aves. De forma reduzida, o olho possui algumas células fotorreceptoras, um sistema de lentes convergentes e um sistema de células para conduzir ao córtex cerebral a imagem formada. A camada fotorreceptora conta com os bastonetes e os cones, células sensíveis à luz. Nestas, ocorre a transformação da energia luminosa em química, a qual é conduzida até o **sistema nervoso central**. Todos os primatas são capazes de enxergar de forma tridimensional e em cores.

3.4 Anatomia funcional do aparelho auditivo

A **audição** desempenha um papel muito importante na socialização. Através do **aparelho auditivo** os seres humanos percebem os sons, o que favorece, inclusive, sua segurança. Os sons percebidos podem gerar emoções e beneficiar ou prejudicar a saúde, ou seja, estão diretamente relacionados à qualidade de vida dos mais variados seres.

A função do aparelho auditivo consiste em transformar as **diferenças de pressão sonora** em **pulsos elétricos** que são enviados ao cérebro, causando a sensação psicofísica da audição e possibilitando que o significado da onda sonora seja, então, decifrado. A seguir pormenorizaremos a estrutura desse importante sentido.

3.4.1 Estrutura do aparelho auditivo

O aparelho auditivo é dividido em **orelha externa**, que contém o **pavilhão auricular** e o **canal auditivo**; **orelha média**, que, limitada pela **membrana timpânica** e pelas **paredes ósseas**, comunica-se com o exterior pela **tuba de Eustáquio**; e **orelha interna**, que abrange a **cóclea** e os **canais semicirculares**.

Figura 3.36 – Composição do aparelho auditivo

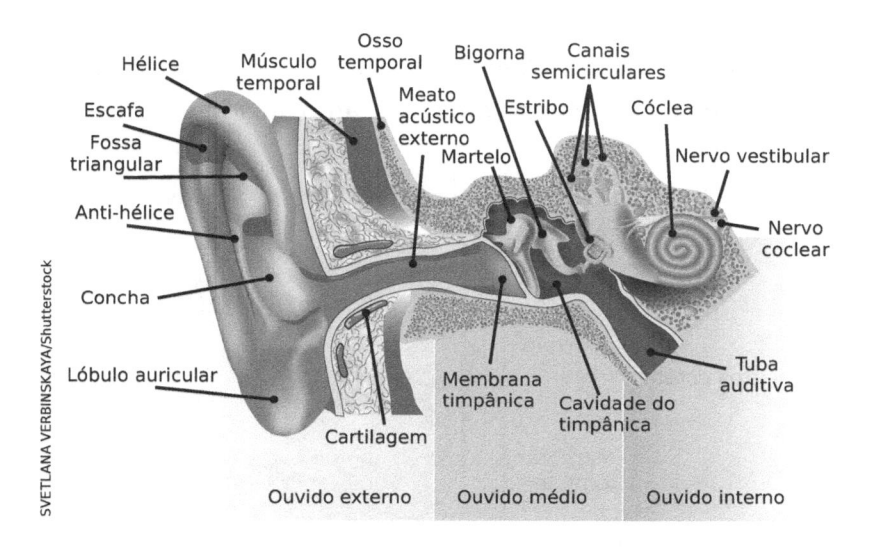

3.4.2 Função das estruturas do aparelho auditivo

O pavilhão auricular responsabiliza-se por capturar e conduzir a onda sonora, sendo capaz de refratar sons, razão pela qual reforça a intensidade que chega até o nosso ouvido. O canal auditivo corresponde ao meio pelo qual o som é levado até o tímpano. A onda gera uma pressão que promove a vibração dessa membrana, sendo a amplitude proporcional à intensidade do som, razão pela qual, quanto maior for a intensidade sonora, maior será a vibração do tímpano.

O movimento timpânico é transmitido aos ossículos do ouvido médio, primeiramente ao **martelo**, depois à **bigorna** e por último ao **estribo**. Esses ossos estão dispostos num sistema de alavancas interfixas, isso torna a pressão exercida pelo estribo na **janela oval** de 3 a 20 vezes maior que a pressão exercida pelo som no tímpano. Por isso, os ossículos servem como amplificadores.

Figura 3.37 – Função das estruturas do aparelho auditivo

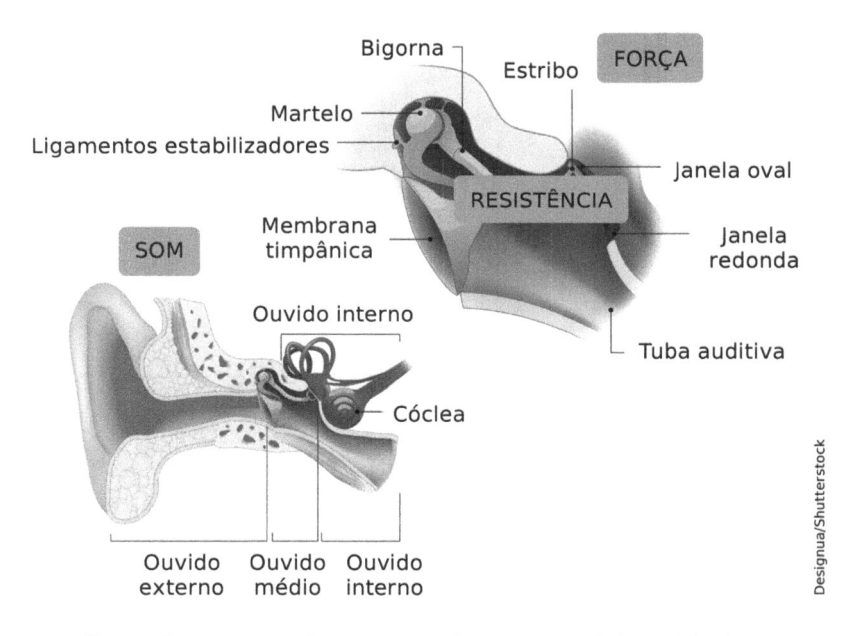

Quando uma onda sonora chega com intensidade muito grande, os músculos **estapédio** e **tensor do tímpano** contraem-se e esticam-se em direções opostas. O estapédio afasta o estribo da bigorna, ao passo que o tensor do tímpano separa o martelo da bigorna, ação em razão da qual a amplificação é atenuada em até 30 dB. Esse mecanismo de proteção é um reflexo e não consegue proteger o sistema auditivo de um ruído súbito, como um estampido, podendo acarretar a ruptura timpânica em casos de alta intensidade.

A cóclea possui um sistema de tubos espiralados com duas voltas e meia, além de três compartimentos: **rampa vestibular**, **rampa média** e **rampa timpânica**. A **membrana de Reissner** separa a rampa vestibular da média e a **membrana basilar** separa a média da timpânica.

O estribo encaminha o estímulo mecânico para a janela oval e a **endolinfa** – líquido presente nela – movimenta-se para o interior das rampas vestibulares e médias. Por ser muito fina, a membrana de Reissner não impede a passagem do som por esses compartimentos. O líquido retorna para a janela oval por movimentos proporcionados pelo próprio estribo.

Na membrana basilar está presente o órgão de **Corti**, no qual se encontram diversas células mecanossensíveis, chamadas de **células ciliadas**, que são os órgãos terminais receptores, capazes de gerar impulsos nervosos como resposta às vibrações do som. Esses impulsos chegam ao nervo auditivo, responsável por enviar o estímulo ao cérebro. Um fator essencial para a geração do pulso elétrico é a diferença de potencial que existe entre o órgão de Corti e a endolinfa. Por ter alta concentração de íons potássio, a endolinfa tem um potencial de +80 mV; por sua vez, as células de Corti apresentam um potencial de –70 mV. Essa diferença de 150 mV faz com que essas células se tornem extremamente sensíveis, sendo facilmente excitáveis.

3.4.3 Intensidade e frequência do som

Quanto mais intenso é o som que chega ao nosso aparelho auditivo, maior é o deslocamento da membrana basilar e, consequentemente, do órgão de Corti.
Isso significa que um som fraco promove um menor deslocamento da membrana basilar, ao passo que um som forte provoca um deslocamento maior.

Se a intensidade sonora é alta e o deslocamento, maior, gera-se um pulso elétrico grande, promovendo no cérebro a sensação de um som mais intenso.

Quando chega ao sistema auditivo, uma onda sonora com frequência mais alta provoca a vibração de um pequeno pedaço da cóclea – detecção mais próxima à entrada do caracol –, enquanto sons com frequência mais baixa fazem a cóclea vibrar quase que em sua totalidade. Desse modo, é possível que as pessoas possam perceber, ao mesmo tempo, sons com frequências diferentes, pois os receptores estão localizados em posições diferentes.

3.5 A produção de som dos animais

A **acústica** é a área da física que estuda o som, que, por sua vez, corresponde à percepção do cérebro quando o ouvido recebe a onda sonora. Como toda onda, as ondas sonoras são perturbações que se propagam transportando energia. Para que você compreenda alguns fenômenos que envolvem o som, faz-se necessário relembrar alguns conceitos fundamentais da ondulatória. A Figura 3.38 mostra os principais elementos de uma onda:

- **Crista:** ponto mais alto da onda.
- **Vale:** ponto mais baixo da onda.
- **Nó:** ponto da onda sem vibração.
- **Amplitude (A):** deslocamento máximo da onda da posição de equilíbrio até a crista ou até o vale.
- **Comprimento de onda (λ):** distância entre duas cristas ou dois vales consecutivos.

Figura 3.38 – Elementos fundamentais de uma onda

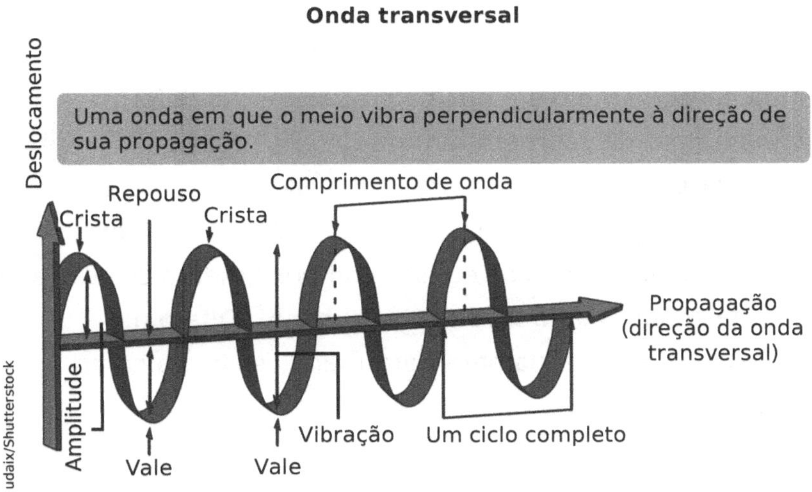

Onda transversal

Uma onda em que o meio vibra perpendicularmente à direção de sua propagação.

Podemos, agora, relembrar alguns conceitos importantes:

- **Frequência (f):** por definição, é o número de oscilações completadas em um intervalo de tempo, no SI é medida em **hertz** (Hz);
- **Período (T):** é o tempo gasto para completar uma oscilação, no SI é medido em **segundos** (s);
- **Velocidade (v):** depende das propriedades do meio em que a onda se propaga e pode ser obtida pela equação fundamental da ondulatória (Equação 3.3).

Equação 3.3

$$v = \lambda \cdot f$$

3.5.1 Ondas sonoras

As ondas sonoras são perturbações sincronizadas das moléculas do meio em que se propagam. Ao deformarem o meio material, surgem regiões de alta pressão, **compressão**, e de baixa pressão, **rarefação**, razão pela qual viajam pelo meio material na mesma direção em que a perturbação ocorre. Esse comportamento classifica a onda sonora como **onda longitudinal**. O fato de necessitar de matéria para deformar classifica-a como **onda mecânica**.

Figura 3.39 – Compressão e rarefação na produção do som

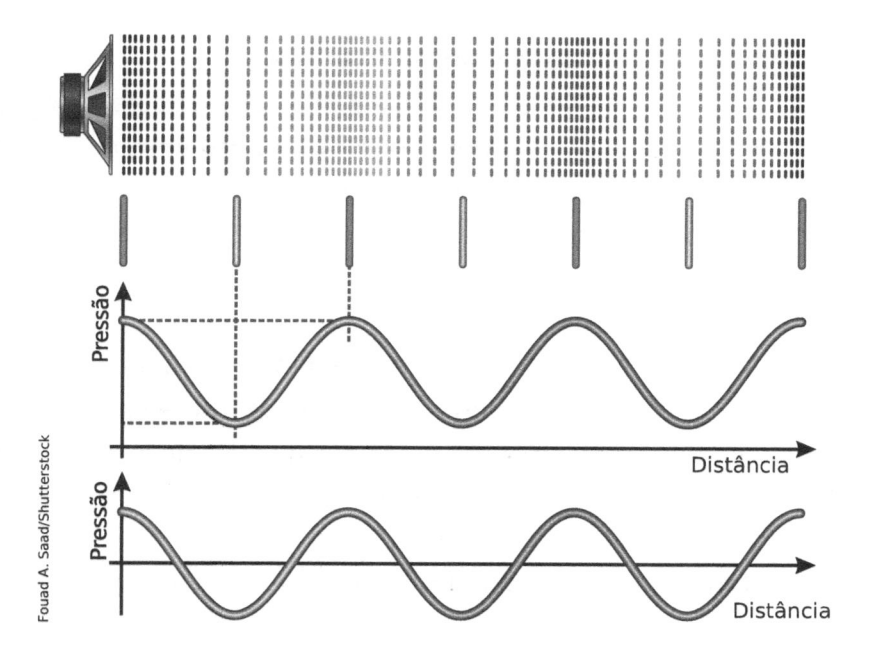

A necessidade da existência de matéria para deformar explica o porquê de o som não se propagar no vácuo e o porquê de sua velocidade de propagação não ser a mesma em todos os meios. Quanto maior for a quantidade de matéria no meio, maior será a velocidade do som, pois esta depende da pressão e da temperatura. No ar, por exemplo, a uma temperatura de 15 °C e pressão de 1 atm, a velocidade do som é de aproximadamente 340 m/s. Se mudarmos apenas a temperatura para 0 °C, a velocidade já diminui para 331 m/s.

3.5.2 Qualidades fisiológicas do som

Somos capazes de identificar determinadas características dos sons que conseguimos ouvir. Estas são chamadas de **qualidades fisiológicas do som** e são divididas em **altura, intensidade e timbre**. Vamos descrevê-las na sequência.

Altura

A altura de um som é definida por sua **frequência** de vibração. Nesse sentido, sons de **alta frequência** são denominados **sons agudos**, enquanto de sons de **baixa frequência** são chamados de **sons graves**.

Figura 3.40 – Relação entre frequência e classificação do som

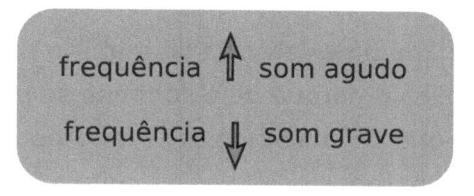

> frequência ⇑ som agudo
> frequência ⇓ som grave

No caso da espécie humana, as vozes masculinas são predominantemente graves (grossas), com frequência de, aproximadamente, 100 Hz a 125 Hz, e as femininas são predominantemente agudas (finas), com intervalo médio de 200 Hz a 250 Hz.

No entanto, não são todos os sons emitidos que nós, os seres humanos, conseguimos identificar. Isso ocorre porque somos capazes de distinguir apenas aqueles que estão dentro da chamada **faixa audível** que compreende sons entre **20 Hz** e **20 000 Hz**. Esse intervalo de frequência pode sofrer alterações de acordo com as especificidades de cada indivíduo, mas oscilam próximo a esses valores. Dessa forma, os sons emitidos abaixo de 20 Hz são chamados de **infrassons** e os emitidos acima de 20 000 Hz, de **ultrassons**.

Intensidade

A intensidade do som está associada à energia que a onda sonora transporta em certo intervalo de tempo e é medida pela amplitude **A** da onda.

Os sons muito intensos são chamados de **sons fortes** e os pouco intensos, de **sons fracos**. Nesse sentido, quando uma pessoa grita e isso nos incomoda, é errado pedir para ela falar baixo, o correto seria pedir para que ela fale mais **fraco**. Da mesma forma, se você não conseguir ouvir uma pessoa, pode pedir a ela que fale mais **forte**. Usando um termo mais popular, a intensidade pode ser associada ao volume do som.

Figura 3.41 – Relação entre energia, amplitude e classificação do som

Energia, amplitude ⇧ som forte

Energia, amplitude ⇩ som fraco

Figura 3.42 – Representação de som forte e fraco

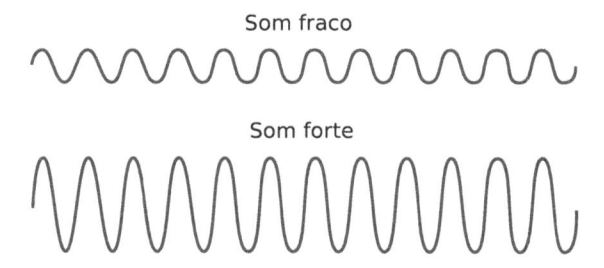

Som fraco

Som forte

A intensidade sonora (I) percebida depende de alguns fatores, um dos quais é a distância do ouvinte em relação à fonte emissora. Matematicamente, podemos calcular a intensidade do som pela Equação 3.4:

Equação 3.4

$$I = \frac{P}{A}$$

Na Equação 3.4, *P* é a potência da fonte – energia por unidade de tempo – e *A* é a área de abrangência do som. A unidade de medida, no SI, é dada por W/m^2.

O som mais fraco que o ser humano pode ouvir tem intensidade 10^{-12} W/m^2. No entanto, a percepção da intensidade do som pelo ouvido humano não é a mesma que a intensidade com que a fonte emite o som. A relação entre elas não varia linearmente, mas em escala logarítmica. Dessa forma, foi definido o **nível de intensidade de sensação sonora**, que é representado pela letra grega β e cuja expressão matemática está representada na Equação 3.5:

Equação 3.5

$$\beta = 10 \cdot \log\left(\frac{I}{I_0}\right)$$

I é a intensidade sonora da fonte e I_0 é a intensidade mínima perceptível pelo ser humano. No SI, a unidade de medida dessa grandeza é o **bel** (B), mas, em geral, é utilizado um de seus submúltiplos, o **decibel** (1 dB = 0,1 B = 1 · 10^{-1} B).

Tabela 3.1 – Intensidade e nível sonoro de algumas fontes sonoras

Exemplo cotidiano	Intensidade média I (W/m²)	Nível de intensidade de sensação sonora β (dB)
Silêncio	10^{-12}	0
Murmúrios (interior de uma biblioteca)	10^{-11}	10
Respiração ofegante próxima	10^{-9}	30
Aspirador de pó	10^{-4}	80
Buzina de caminhão	10^{-2}	100
Limiar da dor	10^0	120
Decolagem de avião	10^2	140

Na Tabela 3.1 apresentamos alguns exemplos de diferentes sons e seu nível de intensidade de sensação sonora.

Timbre

O timbre é a qualidade que nos permite distinguir diferentes tipos de sons, ainda que possuam mesma frequência, ou seja, mesma altura, ou, também, segundo os músicos, mesma nota. Se a mesma nota musical for emitida por dois instrumentos distintos, como um piano e uma guitarra, uma pessoa vendada é capaz de distinguir os dois sons. Isso ocorre porque o formato da onda emitida por cada instrumento é próprio, particular, isto é, cada instrumento tem seu próprio timbre. A Figura 3.43 apresenta o formato de uma onda para alguns sons específicos.

Figura 3.43 – Diferença da onda para cada timbre

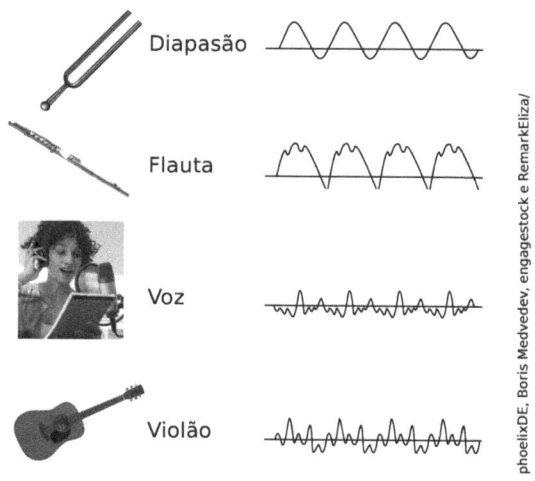

phoelixDE, Boris Medvedev, engagestock e RemarkEliza/Shutterstock

Podemos dizer que o timbre é o "documento de identidade" de cada som.

3.5.3 Fenômenos ondulatórios do som

Entre os fenômenos que podem ocorrer com ondas sonoras, apenas a polarização não entra na lista, uma vez que essas são ondas longitudinais, não sendo, portanto, polarizáveis. Vamos, então, estudar a seguir os outros fenômenos relacionados; a saber: reflexão, refração, difração, interferência e efeito Doppler.

Reflexão

Quando ondas sonoras atingem um obstáculo rígido, elas sofrem o fenômeno da **reflexão**. Nesse caso, todas as características da onda incidente no obstáculo são mantidas mesmo depois de refletidas: comprimento de onda, velocidade, frequência e amplitude. Apenas a direção de propagação da onda sofre alteração.

Considere que o tempo gasto pelo som para sair de uma fonte e chegar diretamente a um ouvinte seja t_1, que o tempo gasto pelo som emitido por uma fonte para refletir em um obstáculo e chegar ao ouvinte seja t_2 e que $\Delta t = t_2 - t_1$. Com base nisso, se Δt:

- For próximo a zero ($\Delta t \approx 0$): caracteriza-se o fenômeno do **reforço**, apresentando apenas aumento na intensidade sonora.

- Estiver entre 0 e 0,1 s (0 < Δt < 0,1): caracteriza-se o fenômeno da **reverberação**, apresentando apenas um prolongamento da sensação auditiva.
- For maior ou igual a 0,1 s (Δt ≥ 0,1): caracteriza-se o fenômeno do **eco**, sendo possível distinguir o som emitido do som refletido.

Para saber mais

Para saber mais sobe o fenômeno da ecolocalização na natureza, recomendamos a seguinte reportagem:

ECOLOCALIZAÇÃO: o que os seres humanos podem aprender com os golfinhos sobre ecolocalização usada por humanos. Natureza. **G1**. 15 mai. 2019. Disponível em: <https://g1.globo.com/natureza/noticia/2019/05/12/ecolocalizacao-o-que-os-seres-humanos-podem-aprender-com-os-golfinhos.ghtml>. Acesso em: 08 mai. 2020.

Refração

Uma onda sonora sofre **refração** quando passa de um meio a outro apresentando mudança na velocidade (v), no comprimento de onda (λ), mas não na frequência. Esta última não sofre alteração porque é característica da fonte emissora da onda. As demais grandezas variam de acordo com a equação fundamental da ondulatória (Equação 3.6):

Equação 3.6

$$v = \lambda \cdot f$$

Difração

O fenômeno da **difração** está associado ao fato de uma onda ser capaz de contornar obstáculos.

Figura 3.44 – Exemplificação da difração

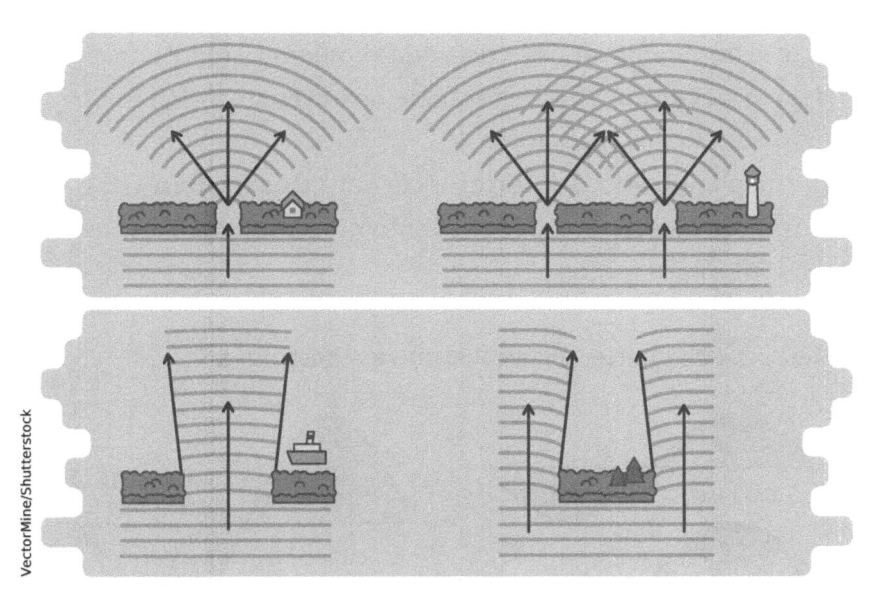

Há uma dependência entre as dimensões do obstáculo e o comprimento de onda da oscilação para que a difração aconteça com maior facilidade ou não. A difração das ondas sonoras é mais evidente que a das luminosas, já que aquelas possuem dimensões da mesma ordem dos obstáculos que em geral são encontrados.

Interferência

Quando duas ondas sonoras se superpõem em um ponto do espaço, dizemos que aconteceu entre elas uma **interferência** que pode ser de dois tipos:

1. Se as ondas estiverem em fase e possuírem mesmo comprimento de onda e mesma amplitude, acontecerá uma interferência **construtiva (IC)** e o som ficará mais forte.
2. Caso contrário, a interferência será **destrutiva (ID)** e acontecerá um silenciamento ou a produção de um som muito fraco.

Figura 3.45 – Interferência construtiva e destrutiva

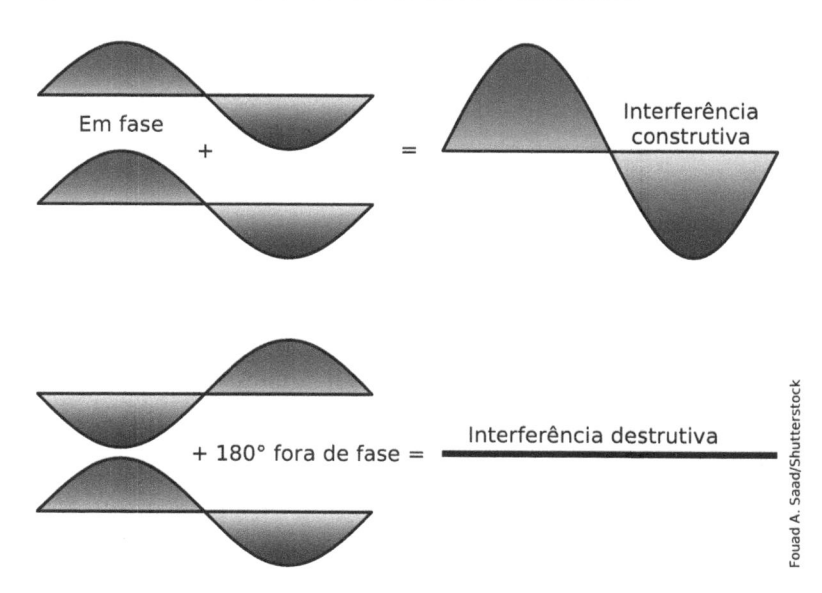

Efeito Doppler

O **efeito Doppler** está associado à mudança aparente na frequência da onda emitida por uma fonte quando acontece movimento relativo entre esta e o ouvinte. Quando há uma aproximação entre eles, o comprimento de onda diminui, conforme você pode observar na Figura 3.46, aumentando a frequência da onda, ou seja, tornando-a mais aguda. Se, ao contrário, fonte sonora e ouvinte se afastarem, conforme a Figura 3.46, o comprimento de onda aumenta, diminuindo a frequência e tornando o som mais grave que o emitido pela fonte.

Para calcular a frequência da onda percebida pelo ouvinte, você pode usar a Equação 3.7:

Equação 3.7

$$f' = f_o \cdot \left(\frac{v_s \pm v_o}{v_s \pm v_f} \right)$$

Em que:
f' = frequência percebida pelo ouvinte
f_o = frequência emitida pela fonte
v_s = velocidade da onda sonora
v_o = velocidade do ouvinte
v_f = velocidade da fonte

Figura 3.46 – Comprimento de onda no efeito Doppler

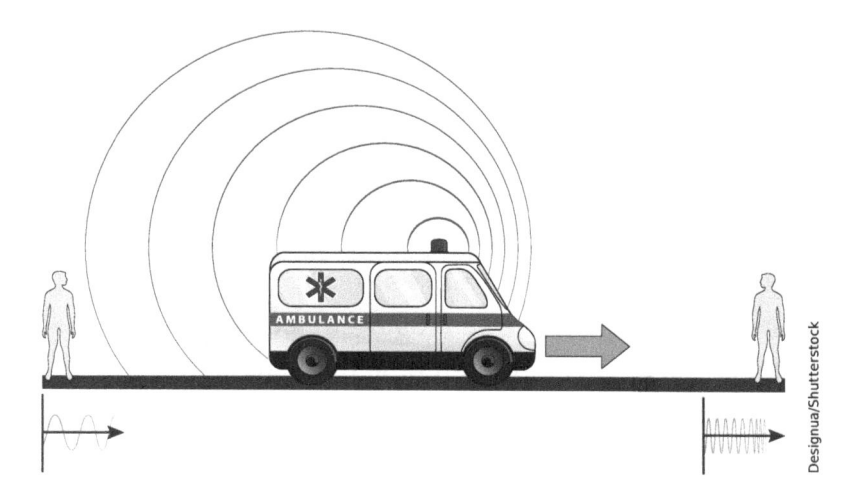

Os sinais da velocidade devem ser definidos com base em um sistema de coordenadas em que o sentido do observador para a fonte é admitido positivo.

3.5.4 Fonação

Os sons emitidos pelos animais, inclusive o homem, permitem que eles se comuniquem, bem como estabeleçam relações importantes – garantindo sua perpetuação em diversos casos – e disputas territoriais. Para tanto, é importante compreender como essa estratégia fundamental de socialização pode ser desenvolvida e potencializada entre diferentes espécies.

Fonação humana

A **voz humana** é consequência de processos de diferentes partes do corpo que atuam de forma conjunta. Resumidamente, quando o ar é expirado e se move dentro dos tubos respiratórios, as **cordas vocais** vibram, fragmentando essa corrente de ar e produzindo, assim, o som. Essa vibração depende de alguns fatores biofísicos. Dentre tais fatores, **o gradiente de pressão** é originado pela movimentação de ar que produz uma alta pressão em todo o sistema respiratório abaixo da laringe e entre a superfície das pregas, favorecendo o movimento da coluna de ar, necessário à formação da onda sonora. A frequência dessa fragmentação é dependente da **tensão** sofrida pelos músculos da laringe, da **velocidade** com que o gradiente de pressão se desenvolve em torno da superfície das pregas, assim como da **elasticidade.** O crescimento da laringe ao longo dos anos acarreta a mudança da voz, que vai do agudo na fase infantil para o grave na fase adulta.

Figura 3.47 – Caixas de ressonância no rosto

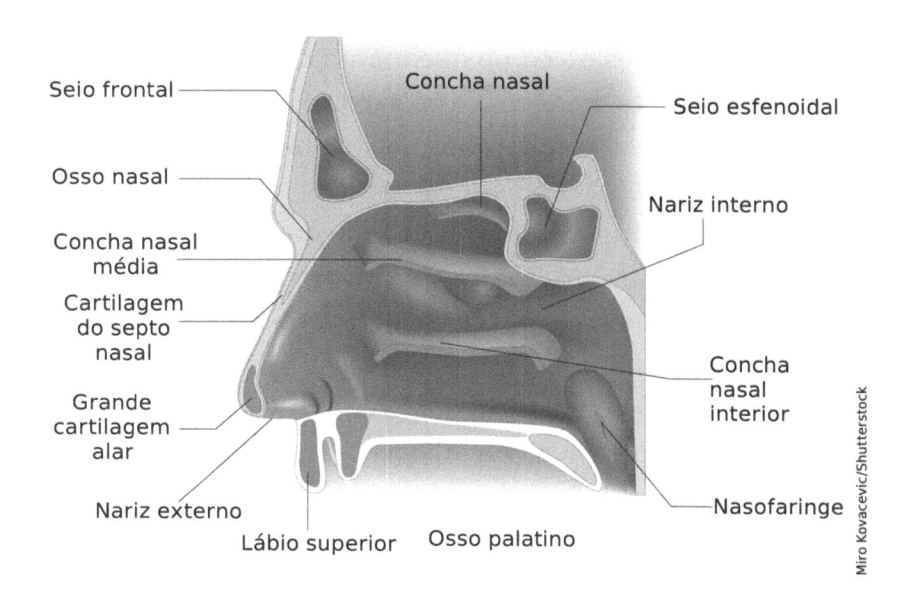

Figura 3.48 – Movimento das pregas vocais

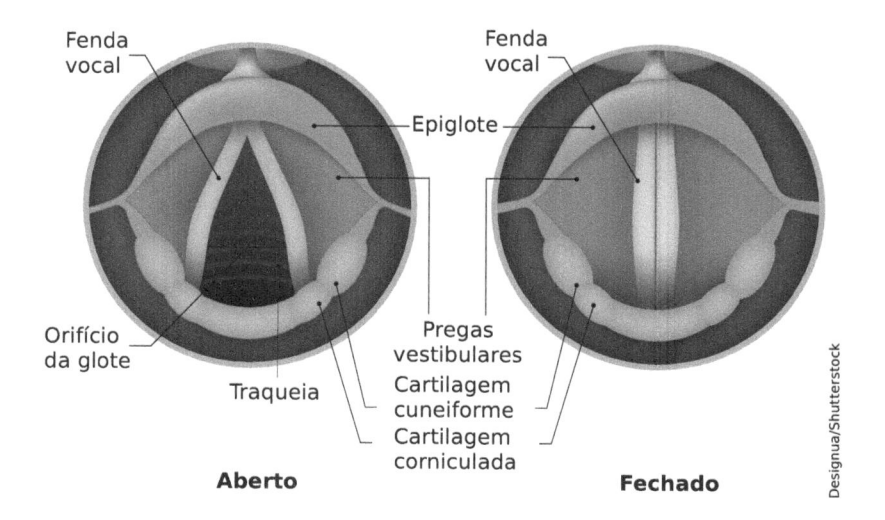

Caixas de ressonância espalhadas pelo rosto e pelo tronco também são responsáveis pela qualidade dos sons produzidos.

Produção de som dos pássaros

Ao passo que, nos seres humanos, a produção dos sons se inicia na laringe, nos pássaros, essa produção acontece na siringe, que não conta com as cavidades de ressonância das quais dispomos. Ainda que o sistema de fonação das aves seja muito mais simples que o dos seres humanos, eles são capazes de emitir em torno de 45 notas por segundo, estendendo-as por mais de 7 minutos em algumas espécies.

Figura 3.49 – O canto dos pássaros é um objeto de estudo para fonação

TAUFIK ARDIANSYAH/Shutterstock

Estudando os sons emitidos por canários e outros pássaros, foi possível estabelecer relações entre o canto e a voz, ainda que os gêneros possuam grande distanciamento.

A genética favorece a emissão de sons como voz de chamado, cantos, gritos. O ato de cantar é aprendido com os indivíduos mais velhos. Estudos demonstraram que pássaros privados de ouvir o canto de outros indivíduos até o período de acasalar não foram capazes de aprender posteriormente (Snowdon, [S.d.]).

Assim como acontece com os seres humanos, os pássaros de mesma raça também apresentam dialetos de acordo com a sua localização geográfica. Ou seja, pássaros de mesma espécie podem emitir sons distintos a depender da região em que são localizados.

No caso dos pássaros e das outras espécies, o som emitido tem importância associada ao domínio territorial e ao processo reprodutivo. Com os cantos, a depender de sua entonação, os sons associam-se também à proteção do bando quando perigos são identificados.

Ainda em algumas espécies, o som emitido pode ser usado como ecolocalização. Além de algumas espécies de pássaros, morcegos e cetáceos utilizam essa estratégia com base no som que emitem.

Radiação residual

Os estudos deste capítulo trouxeram conceitos e relações importantes para que você compreenda a estrutura e o funcionamento de dois importantes sentidos nos seres vivos: a visão e a audição. Foram retomados conceitos em torno da natureza da luz e dos importantes fenômenos associados a ela, principalmente em torno da formação e da interpretação das imagens por instrumentos ópticos como espelhos e lentes.
O olho foi apresentado como um instrumento óptico muito importante na escala evolutiva, e diferentes estruturas foram expostas para diferentes organismos. Além disso, exploramos a estrutura e o funcionamento do ouvido humano, bem como trabalhamos o conhecimento em torno da acústica, desde o entendimento do som até a sua produção pelos animais.

Absorção fotônica

1) No que se refere aos conceitos estudados pela óptica e os fenômenos da reflexão e refração da luz, assinale a única afirmativa **incorreta**:
   a) A luz é entendida atualmente como constituída por fótons que podem ser definidos como pacotes de energia, ou seja, a luz se move como onda, mas interage como partícula.
   b) Uma consequência da propagação retilínea da luz é a formação de sombras e penumbras.

c) Um objeto real produz, em um espelho plano, uma imagem virtual, direita e com o mesmo tamanho do objeto.
d) A formação de imagens em superfícies esféricas depende da distância entre o objeto e a superfície.
e) Na refração da luz, a velocidade, a frequência, a amplitude e o comprimento de onda permanecem inalterados depois que a onda troca de meio de propagação.

2) Sobre a formação de imagens no olho humano, classifique em verdadeira (V) ou falsa (F) cada afirmativa que segue:
( ) A pupila funciona como um diafragma que controla a quantidade de luz que entra no olho.
( ) A imagem formada na retina de um olho normal é real, invertida e menor que o objeto que a originou.
( ) O cristalino é uma lente divergente e rígida com uma grande distância focal na juventude, a qual diminui conforme o organismo envelhece.
( ) A miopia é um defeito da visão que pode ser corrigido pelo uso de lentes divergentes, que fazem a imagem voltar a ser formada na retina.
( ) O hipermetrope tem a imagem formada depois da retina por possuir um globo ocular mais encurtado que o normal, cuja correção pode ser feita com o uso de lentes convergentes.

Agora assinale a alternativa que contém a sequência correta de classificação:

a) F, V, F, V, F
b) V, V, F, V, V
c) F, F, F, V, V
d) V, V, V, F, V
e) F, F, V, F, V

3) Sobre a visão dos animais, assinale a única afirmativa correta:
   a) O ocelo é a estrutura mais primitiva, formado por um grupo de células fotorreceptoras conectadas a um nervo óptico. Pode ser encontrado em platelmintos e alguns insetos.
   b) Os cefalópodes têm o olho facetado, localizado na cabeça e constituído por milhares de receptores de luz denominados omatídios.
   c) Os peixes têm fotorreceptores, células sensíveis à luz, alongadas e posicionadas na retina como microvilosidades. Assim que essas células recebem um fóton, há uma variação de potencial da membrana celular que é transportado até o cérebro do animal.
   d) A visão dos insetos é contemplada com um cristalino que possui uma almofada anelar que potencializa a acomodação visual. Alguns animais dessa espécie não veem cores. A pupila pode ter formas diferenciadas.
   e) Os primatas têm alto poder de resolução para favorecer a caça. A retina desses animais tem duas fóveas para a visão binocular, com grande concentração de células fotorreceptoras.

4) Sobre a função das estruturas do ouvido humano, assinale a única afirmativa **incorreta**:
   a) O pavilhão auricular é o responsável por capturar e conduzir a onda sonora.
   b) O canal auditivo consiste no meio pelo qual o som é levado até o tímpano.
   c) O movimento timpânico é transmitido aos ossículos do ouvido médio, primeiramente para o martelo, depois para a bigorna e por último ao estribo.
   d) Os ossos martelo, bigorna e estribo estão dispostos num sistema de alavancas interpotentes.
   e) Os ossículos do ouvido servem como amplificadores do som.

5) Sobre os estudos em torno da acústica, classifique em verdadeira (V) ou falsa (F) cada afirmativa que segue:
   ( ) As ondas sonoras são mecânicas, longitudinais e formadas por compressões e rarefações do meio onde se propagam.
   ( ) A qualidade que permite diferenciar sons altos de sons baixos é a intensidade sonora.
   ( ) Infrassom e ultrassom são ondas sonoras com frequência fora da faixa audível que não podem ser percebidas pelo ouvido de nenhum ser vivo.
   ( ) A voz humana é formada por compressões e rarefações originadas nas pregas vocais, sendo, no entanto, potencializada por caixas de ressonância dispostas em determinadas partes do corpo.

( ) Os homens emitem sons mais agudos, ou seja, com maior frequência, ao passo que as mulheres produzem sons mais graves, de frequência menor.

Agora assinale a alternativa que contém a sequência correta de classificação, de cima para baixo:

a) V, F, V, F, V
b) F, V, F, V, F
c) V, V, F, V, V
d) F, F, V, F, V
e) V, F, F, V, F

Interações teóricas

Salto quântico

1) Lentes e espelhos são instrumentos ópticos comumente usados em várias tecnologias das mais diferentes áreas do conhecimento. Depois que você estudou vários conceitos em torno desses dispositivos, elenque ao menos cinco tecnologias que dependem da reflexão ou da refração da luz e explique como cada tipo de instrumento óptico favorece seu funcionamento. Você pode utilizar representações esquemáticas em torno da formação das imagens em cada tecnologia para facilitar o entendimento.

2) Emitir sons é uma ferramenta muito importante para a manutenção da vida entre os mais diferentes seres. Escolha cinco animais que têm a capacidade de emitir

sons. Para cada um, mencione a finalidade dos sons produzidos (comunicação, proteção, movimentação, reprodução etc.).

Relatório do experimento

1) A inclusão de pessoas com qualquer tipo de deficiência é assunto em diferentes áreas da sociedade. Faça uma pesquisa sobre os maiores desafios encontrados pelas pessoas surdas e cegas, nas mais variadas situações:

- Locomoção
- Comunicação
- Socialização
- Inserção no mercado de trabalho
- Escolarização
- Lazer
- Outros temas que julgar necessário

Pesquise, ainda, a legislação vigente em torno das pessoas com deficiências visuais e auditivas. Apresente seus dados para alguém (colega, grupo de estudo...) e discuta como as políticas públicas, no Brasil, poderiam ser pensadas para melhorar a vida dessas pessoas.

Fenômenos elétricos e magnéticos nas células: potencial de uma membrana, corrente elétrica, campo magnético e biomagnetismo

4

Primeiras emissões

Ainda que, nas atividades rotineiras, sejamos incapazes de perceber, o corpo humano pode ser considerado uma máquina elétrica. Não, você não leu errado! O organismo humano produz eletricidade e utiliza-a para seu perfeito funcionamento. Células do corpo têm diferença de potencial, graças à qual ocorre a movimentação de importantes íons, o que garante a manutenção da vida. Além disso, o corpo humano está exposto diariamente a campos elétricos e magnéticos, podendo sofrer influências deles. Os animais dependem do campo magnético terrestre para executar algumas ações específicas. É, então, de extrema importância estudar alguns conceitos da **bioeletricidade** para que possamos discorrer sobre esse universo fantástico. Vamos abordá-los na sequência.

4.1 Potencial de uma membrana celular

Antes de tratarmos do potencial de membrana, vamos relembrar a estruturação da **membrana plasmática**.

Figura 4.1 – Estrutura da membrana plasmática

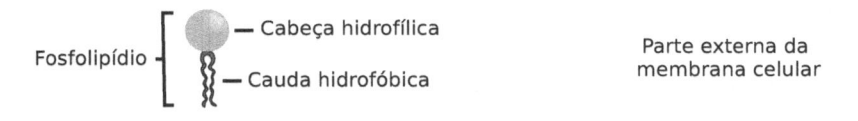

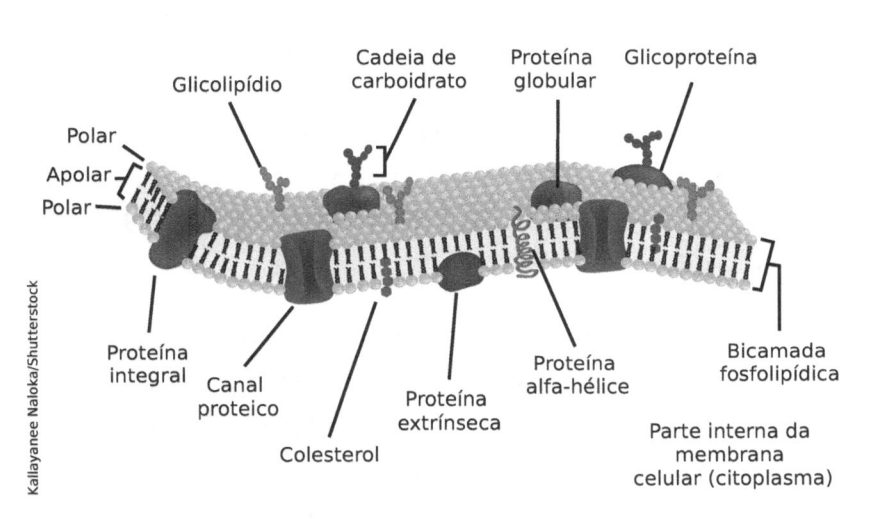

Fosfolipídio
- Cabeça hidrofílica
- Cauda hidrofóbica

Parte externa da membrana celular

Glicolipídio
Cadeia de carboidrato
Proteína globular
Glicoproteína
Polar
Apolar
Polar
Proteína integral
Canal proteico
Colesterol
Proteína extrínseca
Proteína alfa-hélice
Bicamada fosfolipídica
Parte interna da membrana celular (citoplasma)

Kallayanee Naloka/Shutterstock

A membrana plasmática é formada por uma dupla camada de **fosfolipídios** – lipídios ligados a um glicerol, grupo fosfato – muito próximos entre si que impedem, na célula, a entrada ou saída de substâncias grandes ou insolúveis em lipídios. Para que haja esse tipo de transporte, existem **proteínas** que auxiliam no processo. Esse modelo da membrana plasmática recebe o nome de *mosaico fluido*, pois as proteínas estariam flutuando na matriz lipídica, tendo a oportunidade de deslocar-se através dela.

4.1.1 Parâmetros elétricos da membrana celular

Em virtude da presença de lipídios na membrana, esta tem uma propriedade dielétrica, razão pela qual podemos concluir que apresenta propriedades capacitivas, visto que separa dois meios condutores. A capacitância por área da membrana é de aproximadamente $1\mu F/cm^2$.

4.1.2 Potencial da membrana graças à difusão

Muitos íons têm gradiente de concentração através da membrana celular, como no caso do íon potássio (K^+) e do íon sódio (Na^+). Tais gradientes têm energia potencial para formar o potencial da membrana, o que detalharemos no decorrer deste capítulo.

Potássio

O **íon potássio (K^+)** está presente em maior quantidade no interior da célula, pois a membrana é muito permeável a esse tipo de íon. Para que haja um equilíbrio, esses íons tendem a sair da célula, levando suas cargas positivas para o exterior – eletropositividade fora da célula. O interior da célula perde os íons positivos, **cátions**, e continua a ter os íons negativos, **ânions**, que não se difundiram com o íon potássio. Isso causa um estado de eletronegatividade no interior da célula em questão, como representado na Figura 4.2.

Figura 4.2 – Diferença de potencial no interior da célula

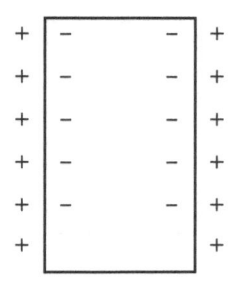

Como consequência dessa diferença de potencial criada, os cátions de potássio são atraídos pelos ânions do interior da célula. A variação de potencial gerada é capaz de bloquear a saída de mais íons potássio da célula, mesmo apresentando alto gradiente de concentração. Em mamíferos, a fibra nervosa necessita de uma diferença de potencial de 94 mV para que haja esse efeito.

Sódio

O **íon sódio (Na$^+$)** é um cátion com concentração bem maior no exterior da célula do que no interior, sendo a membrana plasmática é permeável a esse tipo de íon. Para tentar regular a concentração de sódio, tal cátion entra na célula por difusão e torna a parte interna eletropositiva. Por sua vez, os ânions presentes do lado de fora da célula não entram com o sódio, passando o exterior a ter caráter eletronegativo.

Figura 4.3 – Potencial elétrico da membrana plasmática

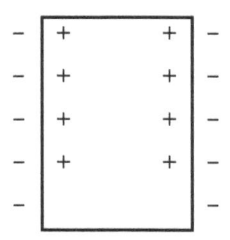

Novamente, o potencial de membrana torna-se suficiente para impedir a entrada de mais íons sódio, essa diferença de potencial é de 61 mV.

4.1.3 Equação de Nernst

O **potencial de membrana**, capaz de impedir a difusão de um íon, como explicamos anteriormente sobre o potássio e o sódio, é conhecido como **potencial de Nernst**. Para determinar seu valor, deve-se conhecer a concentração desses íons dentro e fora da célula. A Equação 4.1 é usada para íons monovalentes, a temperatura deve ser de 37 °C, a temperatura corpórea média em estado de boa saúde.

Equação 4.1

$$\text{fem} = \pm\, 61 \log \frac{\text{Concentração interna do íon}}{\text{Concentração externa do íon}}$$

No caso, *fem* (**força eletromotriz**) é dada em milivolt (mV).

Note que, quanto maior for a proporção entre as concentrações, maior será a tendência de difusão iônica, razão pela qual maior será o potencial de Nernst. O sinal do potencial será sempre negativo, se o íon for positivo, e positivo, se o íon for negativo.

Por exemplo, se a concentração de potássio for 10 vezes maior no interior da célula do que do lado externo e o *log* de 10 for igual a 1, o potencial de Nernst será −61 mV no interior da membrana.

4.1.4 Potencial de membrana de um nervo em repouso

O potencial da membrana de um **neurônio** equivale, em média, a −90 mV quando esta não está transmitindo nenhum sinal nervoso. Todas as membranas celulares presentes no corpo humano apresentam proteínas que realizam o transporte de sódio e potássio. Esse transporte que acontece contra o gradiente de concentração sempre resulta em um gasto energético – de adenosina trifosfato (ATP). Essas bombas trabalham de forma ininterrupta enviando sódio para o exterior da célula e potássio para seu interior. Por vez, a bomba envia três íons de sódio para fora e dois de potássio para dentro. Para que esse transporte seja ativo, uma molécula de ATP desliga-se de um fosfato – voltando a ser adenosina trifosfato (ADP) – e libera energia para que o processo aconteça.

Figura 4.4 – Potencial da membrana em estado de repouso

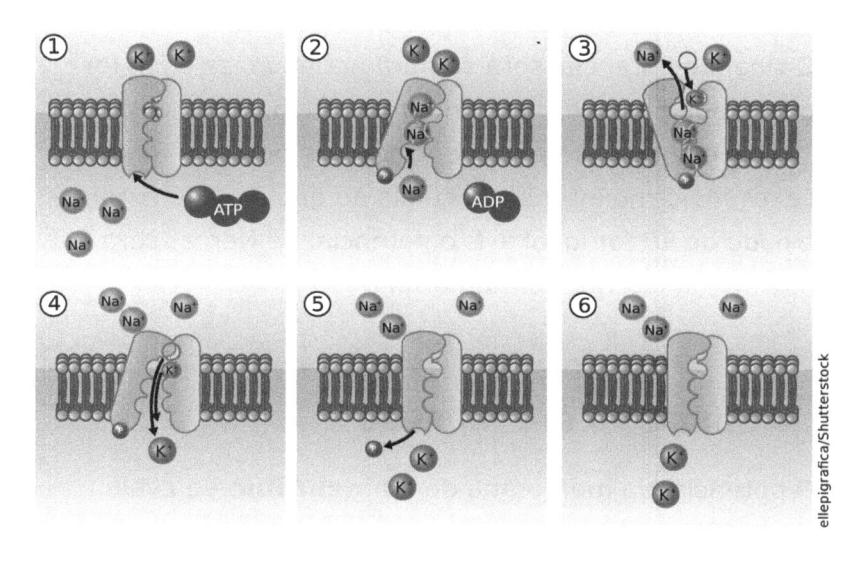

Observe na Figura 4.4 que as cargas positivas que saem têm maior número do que as que entram. Com base nisso, é possível deduzir que o interior da célula fica com carga final de sinal negativo em relação ao exterior.

Após a geração de todo esse desequilíbrio, os íons sódio tendem a entrar na célula por difusão e os íons potássio, ao sair dela, utilizam proteínas de canal para realizar esse movimento. As proteínas de canal são, em média, 100 vezes mais permeáveis ao potássio do que ao sódio. Essa diferença é muito importante para determinar o valor do potencial da membrana em estado de repouso.

4.1.5 Potencial de ação do neurônio

Para conduzir um impulso nervoso, o potencial de ação é deslocado ao longo do neurônio até seu final.

A membrana em **repouso** apresenta potencial de –90 mV, razão pela qual está **polarizada**.

Ao ficar permeável aos íons sódio, estes retornam ao interior da célula. Com isso, o potencial de –90 mV se perde, variando em direção à positividade, momento chamado de *despolarização*.

Quando a fibra é mais grossa, o potencial pode chegar a ser positivo. Por sua vez, em fibras mais finas, ele fica próximo a zero.

O Gráfico 4.1 mostra o potencial (em mV) ao longo da passagem de milissegundos (ms). A curva ascendente é o período de despolarização, ao passo que o pico do gráfico mostra o momento que o potencial fica superior a zero e é chamado de *overshoot* (**ultrapassagem**).

Gráfico 4.1 – Despolarização

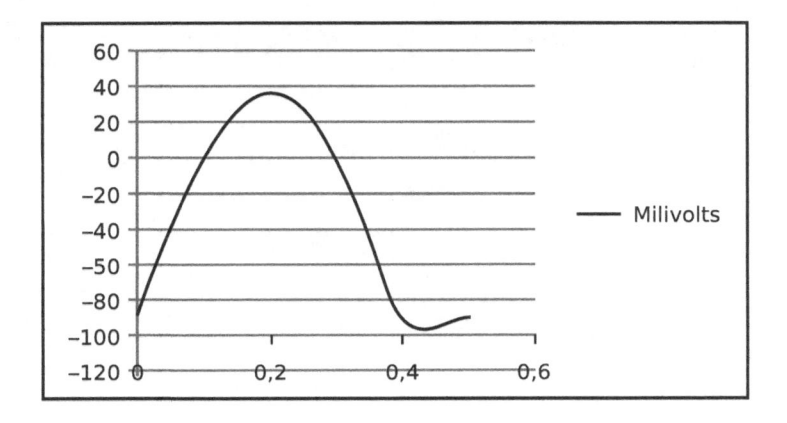

Na sequência da despolarização, os canais que estavam permeáveis começam a fechar e os canais de potássio que estavam fechados iniciam a abertura.
A saída rápida do potássio faz o potencial de membrana voltar a ser igual ao potencial de repouso, momento em que a membrana é **repolarizada**.

Na Figura 4.5 você pode observar a ilustração da fase de repouso com a membrana polarizada. Em seguida, a permeabilidade do sódio para o interior da célula causa a despolarização. O potássio inicia sua saída retomando o estado de polarização. Depois, a bomba de sódio e potássio age colocando o sódio para fora e o potássio para dentro novamente.

Figura 4.5 – Fases de repouso com membrana polarizada

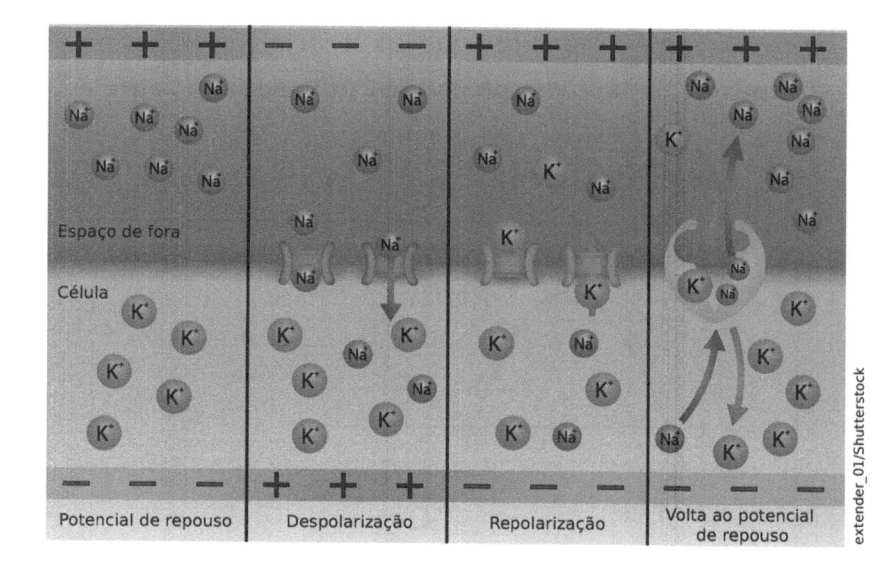

4.2 Potencial de ação e miocárdio

O **potencial de ação**, como observamos anteriormente, pode ser definido como a inversão do potencial de membrana. É extremamente importante para a vida dos animais, como analisaremos de forma detalhada nesta seção. No caso do **miocárdio**, ocorre uma alteração no potencial da membrana de células cardíacas. Aprofundaremos a partir deste ponto alguns conceitos relevantes para a compreensão de mais um mecanismo vital para a sobrevivência humana.

4.2.1 Funcionamento do miocárdio

O coração, embora seja uma estrutura única, trabalha como se fosse duas bombas em separado. O **lado esquerdo** do coração bombeia o sangue arterial para os órgãos do corpo, ao passo que o **lado direito** bombeia o sangue venoso para os pulmões.

Cada lado apresenta duas cavidades: um **átrio** e um **ventrículo**. O átrio funciona como um reservatório de sangue e envia-o para o ventrículo por meio de uma leve bombeada. O ventrículo precisa realizar o bombeamento com mais impulso, pois a distância percorrida pelo sangue é maior, sendo maior no ventrículo esquerdo que no direito.

Para manter o ritmo dos batimentos cardíacos, existem mecanismos que enviam potenciais de ação para o músculo cardíaco. Observe a Figura 4.6 para facilitar sua compreensão.

O **nodo sinusal ou sinoatrial** (1) gera um impulso rítmico que é guiado pelas **vias internodais** até o **nodo atrioventricular** (2). Nese momento, o impulso advindo dos átrios é desacelerado para chegar até o ventrículo. Esse retardamento é fundamental para que o átrio e o ventrículo não se contraiam ao mesmo tempo.

Após esse evento, as **fibras de Purkinje** (3) conduzem o impulso cardíaco para os ventrículos.

Figura 4.6 – Funcionamento do miocárdio

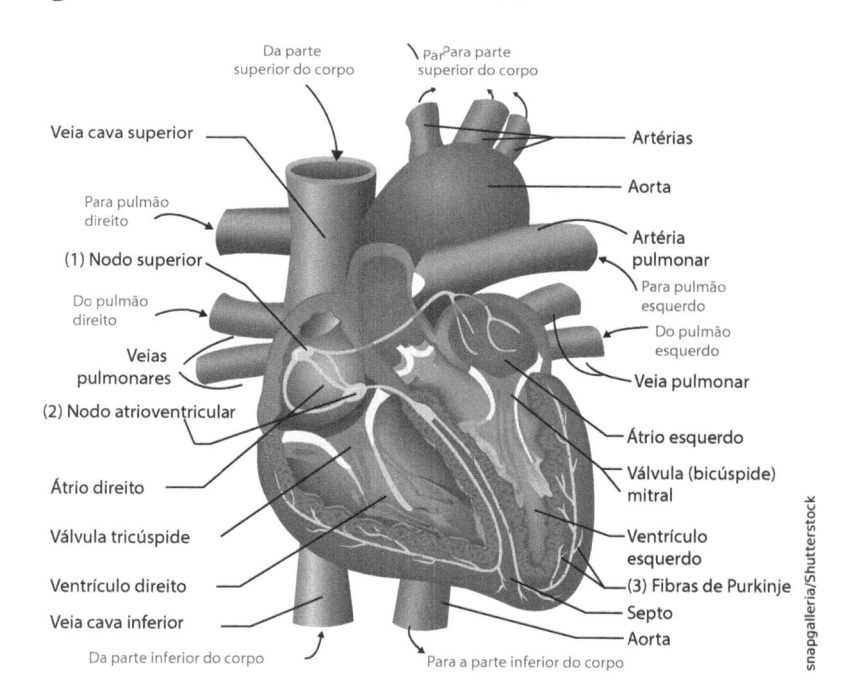

As fibras de Purkinje não a têm filamentos de contração, porém são contínuas com as **fibras atriais**.

Sendo assim, todo potencial de ação que começa no nodo sinoatrial se espalha de forma imediata pelos átrios.

4.2.2 Potencial de ação do miocárdio

Quando o músculo cardíaco está em repouso, seu potencial de ação está entre –85 mV e –95 mV, aproximadamente, ao passo que, nas fibras de Purkinje, ele varia em torno de –90 mV e –100 mV.

Quando o ventrículo é ativado, o potencial de membrana fica normalmente com +20 mV. Isso sugere que o potencial de ação – diferença entre o potencial da membrana em repouso e a ativada – do músculo é de 105 mV.

Após sua despolarização, a membrana não é repolarizada de forma imediata, permanecendo no estado "despolarizado" por cerca de 0,2 s no músculo do átrio e 0,3 s no músculo do ventrículo. Esse tempo extra é chamado de *platô*, sendo importante para aumentar a contração do miocárdio. Esta, por sua vez, dura de 3 a 15 vezes mais que em um músculo esquelético.

O músculo esquelético tem seu potencial de ação definido pela rápida abertura dos canais de sódio. Eles abrem-se e fecham-se muito rapidamente, permitindo que o sódio entre na célula muscular. Com essa entrada, a membrana é repolarizada, quando termina o potencial de ação, acabando, assim, com a contração muscular.

O potencial de ação do miocárdio depende de dois tipos de canais: **os canais rápidos de sódio** e os **canais lentos de cálcio**. Os canais de sódio funcionam exatamente como os das células musculares, embora os canais lentos se abram e continuem abertos por décimos de segundo. Por esses canais entram cálcio e sódio também. Assim, grande quantidade desses íons consegue adentrar na célula cardíaca. Esse acontecimento mantém a despolarização por um tempo maior, gerando o platô do potencial de ação. A entrada do cálcio na célula também é importante porque a presença desse íon ajuda a excitar o processo de contração do músculo – como explicitamos na Subseção 2.2.2.

Outro fator que auxilia na contração muscular prolongada e no efeito platô é, após o potencial de ação ser iniciado, o potássio ter sua permeabilidade reduzida em até cinco vezes. Essa queda promove o aumento da entrada de cálcio na célula pelos canais lentos.
O fato de o potássio não sair da célula faz a repolarização demorar mais. Quando, ao final de 0,2 s a 0,3 s, os canais lentos são fechados, a permeabilidade de potássio volta a aumentar e passa a ser perdido pela célula de forma muito rápida. A repolarização, enfim, acontece e o potencial de ação termina.

O potencial de ação é conduzido com uma velocidade de cerca de 0,3 m/s a 0,5 m/s. Isso equivale a $\frac{1}{250}$ da velocidade presente no neurônio.

4.2.3 O ciclo cardíaco

O **ciclo cardíaco** pode ser definido como o período entre o início de um batimento cardíaco e o início do batimento seguinte. O nodo sinoatrial gera o potencial de ação primeiramente no átrio direito, no qual se localiza. Imediatamente vai para o átrio esquerdo e o estímulo chega até o nodo atrioventricular, que promove um retardo de mais de um décimo de segundo na passagem para os ventrículos. Dessa forma, os átrios contraem-se primeiro e os ventrículos, na sequência.

Figura 4.7 – Ciclo cardíaco: relaxamento e contração

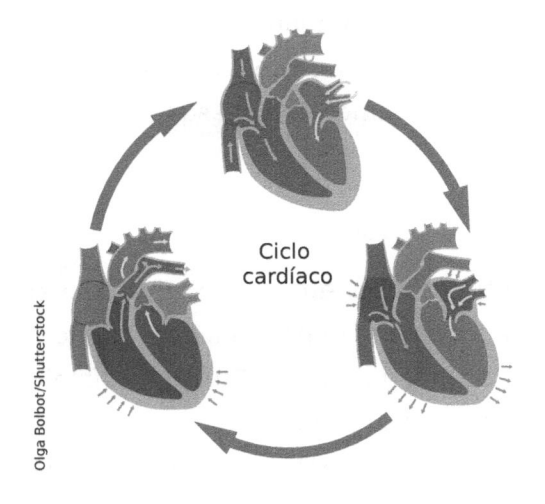

No ciclo cardíaco observamos um momento de relaxamento, a **diástole**, e um momento de contração, a **sístole**, como expusemos no Capítulo 2. Durante a diástole, a cavidade cardíaca está mais propensa a receber o fluxo sanguíneo, ao passo que, durante a sístole, há o envio de sangue para o compartimento subsequente.

Ação dos átrios

O sangue chega aos átrios por meio do fluxo das veias e vai para o ventrículo de modo natural. Cerca de 75% do sangue flui direto do átrio para o ventrículo mesmo antes da sístole atrial. O restante do sangue, 25%, vai até o ventrículo após a contração do átrio. Os átrios são considerados **bombas de reforço**, pois o sistema circulatório não necessita desses 25% de sangue para funcionar normalmente, visto que o coração bombeia 400% mais sangue que a quantidade de que o corpo necessita. Desse modo, quando o átrio tem sua função reduzida, dificilmente a pessoa percebe essa insuficiência.

Ação dos ventrículos

Quando o ventrículo está em sístole, a válvula entre ele e o átrio está fechada, razão pela qual um grande volume de sangue se acumula no átrio. Quando a sístole acaba, a pressão no interior do ventrículo cai e a válvula abre-se; então, o sangue entra com um grande fluxo para o ventrículo – período de enchimento ventricular rápido. Esse momento corresponde ao primeiro terço da diástole ventricular.

No segundo terço diastólico, uma pequena quantidade de sangue proveniente das veias passa do átrio para o ventrículo de forma direta. Já no terço final da diástole ventricular ocorre a sístole atrial, adicionando os 25% restantes de sangue.

Com o início da contração ventricular, ocorre o aumento rápido da pressão do ventrículo. Essa pressão, por sua vez, acarreta o fechamento da válvula entre este e o átrio. Em 0,02 s, o ventrículo tem pressão suficiente para abrir as válvulas semilunares que estão relacionadas com as artérias pulmonares e a aorta.
A contração inicial do ventrículo é isométrica, pois há aumento da tensão muscular, mas não há contração da fibra e o sangue ainda não sai do ventrículo nesse momento.

A pressão ventricular então aumenta, permitindo a abertura das semilunares. Essa pressão é de 80 mmHg para o ventrículo esquerdo e de 8 mmHg para o ventrículo direito. O sangue sai do ventrículo rapidamente, esvaziando-o em cerca de 70% no primeiro terço da sístole, período de **ejeção rápida**, e 30% nos dois terços seguintes, período de **ejeção lenta**.

Ao final da sístole, o ventrículo relaxa subitamente, quando a pressão dentro dele diminui. A pressão das artérias é tão intensa que faz o sangue voltar ao ventrículo. Esse refluxo faz as válvulas semilunares se fecharem. Quando a pressão dos ventrículos cai a valores diastólicos baixos, ocorre a abertura das válvulas atrioventriculares e um novo ciclo começa.

4.2.4 Volume do sangue

O ventrículo, durante a diástole, recebe em média 110 ml de sangue, trata-se do **volume diastólico final**. Já no esvaziamento, durante a sístole, saem 70 ml, o **débito sistólico**, restando, portanto, 40 ml de sangue no **volume sistólico final**. Quando o miocárdio sofre uma contração vigorosa, o volume sistólico final pode chegar a 10 ml.

4.3 Efeitos da corrente elétrica no corpo

A corrente elétrica participa de todas as funções do corpo humano. No entanto, se o corpo recebe correntes externas, isso pode pôr em risco a saúde e até mesmo colocar em risco a vida. Vamos, então, explicar a importância dessa grandeza física para o organismo humano e como ela pode agir favorecendo-o ou prejudicando-o.

4.3.1 A corrente elétrica

A **corrente elétrica** é o resultado de partículas eletricamente carregadas que se movem de forma ordenada com base em uma diferença de potencial, denominada *tensão elétrica*. Essas partículas podem ser elétrons livres em um fio condutor, íons em uma solução eletrolítica, entre outros.

Matematicamente, a **intensidade de corrente elétrica** (i) é definida com base na quantidade de **carga elétrica** (q) que atravessa a área de secção transversal de um condutor em um intervalo de tempo (Δt) (Equação 4.2).

Equação 4.2

$$i = \frac{q}{\Delta t}$$

Sua unidade de medida, no SI, é o ampere (A), que tem a seguinte correspondência: 1 A = 1 C/s.

Com base na **lei de Ohm**, é possível estimar a corrente elétrica que atravessa um corpo se conhecida sua **resistência elétrica** (R) e a **tensão** (U) aplicada sobre ele (Equação 4.3).

Equação 4.3

$$i = \frac{U}{R}$$

A resistência elétrica depende de alguns fatores, como a resistividade do material, que, no caso do corpo humano, resulta do tecido que o constitui, da quantidade de gordura, de sais etc. Ela depende, ainda, da presença ou ausência de água. Mesmo não sendo um bom condutor de eletricidade, a água pura, quando aliada a outras substâncias, facilita a condução da corrente elétrica. Nesse sentido, é importante reforçar que a pele seca tem alta resistência, ao passo que a pele molhada apresenta baixa resistência, facilitando a passagem dos portadores de carga e potencializando, assim, um choque elétrico, por exemplo.

4.3.2 A importância e o perigo da corrente elétrica no corpo

Para que aconteça a comunicação do sistema nervoso central com o restante do corpo, a corrente manifesta-se mediante impulsos nervosos provenientes de fenômenos eletroquímicos. No entanto, se correntes provenientes de fontes externas fluírem por determinados órgãos, elas podem causar danos irreversíveis.

O Quadro 4.1 apresenta alguns valores de corrente elétrica de fonte alternada, com frequência de 60 Hz, durante 1 s, e possíveis danos oferecidos ao corpo humano.

Quadro 4.1 – Intensidade de corrente elétrica e efeitos biológicos no corpo

Intensidade de corrente	Efeitos biológicos no corpo
Até 0,5 mA	Nenhum efeito relevante ou sensível
Entre 0,5 mA e 2 mA	Limiar da sensibilidade
Entre 2 mA e 10 mA	Dor fraca e contrações musculares

(continua)

(Quadro 4.1 – conclusão)

Intensidade de corrente	Efeitos biológicos no corpo
Entre 10 mA e 20 mA	Dor forte e contrações musculares intensas
Entre 20 mA e 100 mA	Parada respiratória
Entre 100 mA e 3 A	Fibrilação ventricular
Mais que 3 A	Parada cardíaca, queimaduras graves, risco de morte

As queimaduras que a passagem de corrente elétrica pode causar são provenientes do **efeito Joule** – efeito térmico – da corrente, uma vez que sua passagem libera calor pelo atrito gerado pela movimentação das cargas.

Algumas reações químicas se devem ao efeito químico da passagem da corrente, pois algumas delas só ocorrem caso exista essa grandeza física – isto é, a intensidade da corrente –, como é o caso da **tetanização**, a paralisação muscular que acontece em razão de uma intensa contração no músculo.

Simulações

A resistência elétrica da pele humana varia a depender de seu estado, se está seca ou se está molhada. Considere então que, para a pele seca de determinada pessoa, a resistência média é de 100 kΩ e, para a pele molhada, é de aproximadamente 1 kΩ. Admita que essa pessoa encosta em um fio desencapado com potencial de 127 V e está em contato com a terra (0 V).

Calcule, então, a corrente que atravessará o seu corpo em cada caso.

Resolução:

Para a pele seca:

$$i = \frac{127}{100 \cdot 10^3} = 1{,}27 \cdot 10^{-3} = 1{,}27 \, mA$$

Para a pele molhada:

$$i = \frac{127}{1 \cdot 10^3} = 127 \cdot 10^{-3} = 127 \, mA$$

Analisando-se o Quadro 4.1, pode-se perceber os danos que determinada corrente proporciona ao corpo. O fato de a pele estar molhada ou seca muda a intensidade da corrente, podendo ser fatal. No caso da pele seca, a intensidade está apenas no limiar da dor, ao passo que, para a pele molhada, a intensidade da corrente já é capaz de causar fibrilação ventricular.

4.4 Biomagnetismo

Forças geofísicas provenientes da **radiação emanada do Sol**; do **campo magnético gerado pela Terra**; dos **campos elétricos da atmosfera terrestre**; dos **campos gravitacionais da Terra, do Sol e da Lua**; e da **pressão atmosférica** agem sobre os organismos vivos, inclusive sobre o sistema nervoso humano. Nesta seção, analisaremos essa influência.

4.4.1 Campo magnético

Todo **campo de força** é um local do espaço que exerce algum tipo de força. No caso do campo elétrico, trata-se de um lugar em que atua a força elétrica sobre uma carga de prova, que pode ser qualquer partícula carregada.
O **campo magnético**, por sua vez, é o lugar em que atua a força magnética sobre partículas eletricamente carregadas, que se movem no interior desse campo.

Como no interior dos seres vivos há inúmeras partículas elétricas, estas sofrem as ações dos campos magnéticos em que estão inseridas.

Campo magnético é uma grandeza vetorial, representada por **B**, que tem como unidade de medida, no Sistema Internacional de Unidades (SI), o **Tesla** (T).
A direção e o sentido dessa grandeza podem ser obtidos pela regra da mão direita (o polegar indica o sentido da corrente elétrica e os demais dedos indicam o sentido do campo magnético), como mostram as Figuras 4.8, 4.9 e 4.10, em diferentes situações.

Figura 4.8 – Campo magnético ao redor de condutor retilíneo

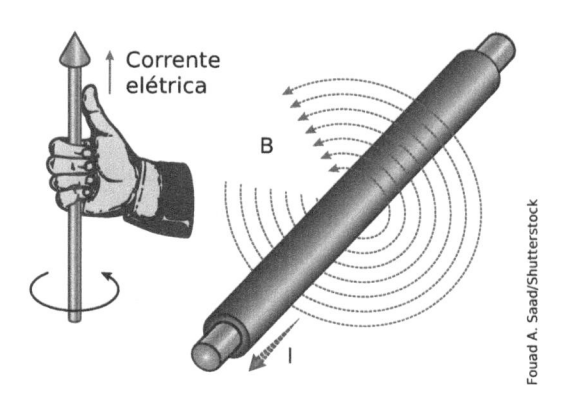

Figura 4.9 – Campo magnético ao redor de espira circular

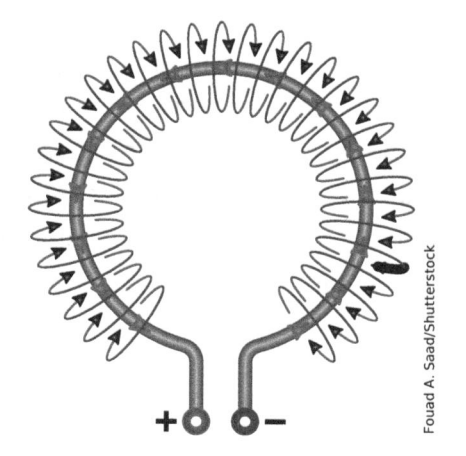

Figura 4.10 – Campo magnético gerado em solenoide

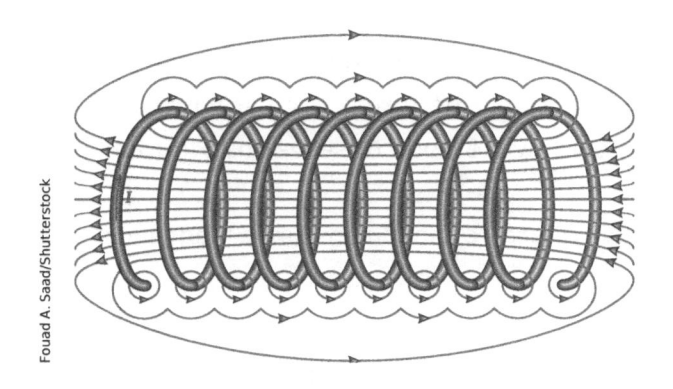

As **linhas do campo magnético** comportam-se, no caso de dipolos, de forma similar às linhas do campo elétrico, indo do **polo norte** para o **polo sul**, na parte externa do dipolo, conforme exposto na Figura 4.11.

Figura 4.11 – Campo magnético ao redor de um ímã natural

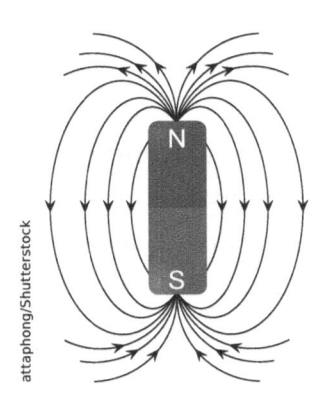

Em 1819, o cientista Hans Christian Oersted (1777-1851) observou uma importante relação entre corrente elétrica e campo magnético. Percebeu que, ao passar por um

condutor – seja retilíneo, um fio, seja uma espira circular, um anel, seja uma bobina, uma sequência de anéis –, a corrente elétrica origina um campo magnético ao seu redor que se orienta de forma circular com o centro no condutor, como você pode observar na Figura 4.12.

Figura 4.12 – Direção e sentido do campo magnético

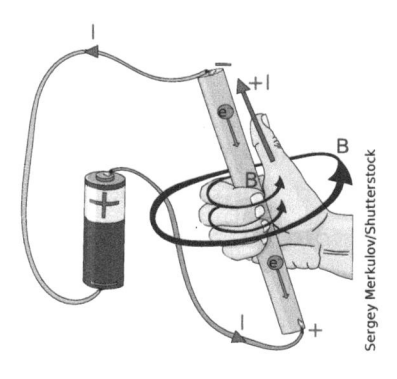

Diferentemente do que ocorre com as linhas do campo elétrico, as linhas do campo magnético são fechadas, impossibilitando a existência de polos magnéticos isolados.

Na Figura 4.13, pode-se verificar como se comportam as linhas de campo ao redor do planeta Terra, que pode ser considerado um gigantesco ímã. De acordo com as características das linhas de campo, tem-se que o polo Sul magnético fica próximo ao polo Norte geográfico e vice-versa, ambos separados por 11,4°. Na figura, o valor do ângulo está com arredondamento.

Figura 4.13 – Campo magnético terrestre

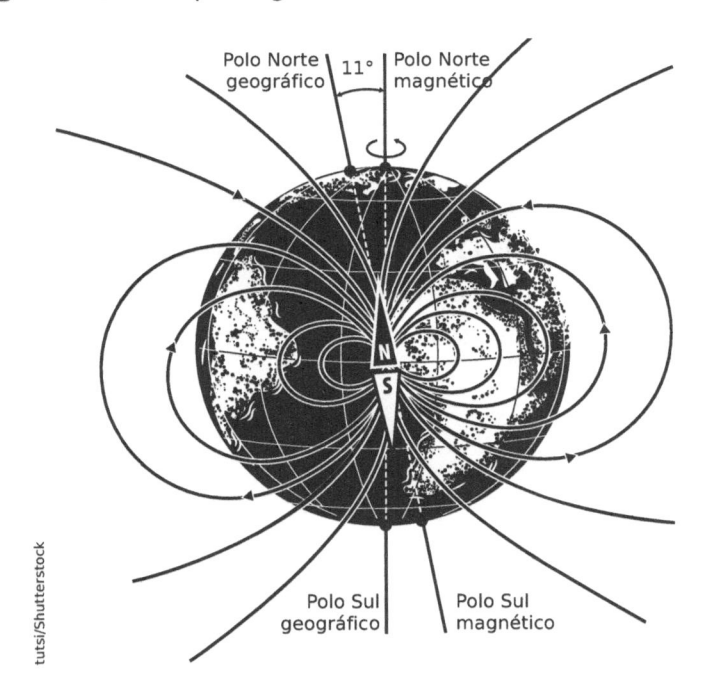

O campo magnético terrestre age sobre os seres vivos com propriedades muito semelhantes às do campo produzido por **barras magnéticas (ímãs)**. No entanto, estudos mostram que a posição dos polos magnéticos do planeta Terra e sua intensidade não são estáticas ao longo dos anos.

Os efeitos do campo geomagnético podem ser observados sobre os seres vivos, desde os mais simples, como algas unicelulares, até os mais complexos, como os vertebrados, conforme explicaremos na Subseção 4.4.3 e na Seção 4.5.

4.4.2 Força magnética sobre cargas elétricas em movimento

Uma carga elétrica colocada em repouso em um campo magnético não sofre qualquer força de origem magnética. Da mesma forma, não sofre força uma partícula que se move de forma paralela, ou seja, formando um ângulo de 0° com as linhas do campo magnético, como mostra a Equação 4.4.

Equação 4.4

$$F_m = q \cdot B \cdot \text{sen } \alpha$$

Ou, usando produto vetorial:

Equação 4.5

$$F_m = qv \times B$$

Nesse caso, a carga elétrica segue em **movimento retilíneo e uniforme (MRU)**.

Se lançada sob ângulo de 90°, a partícula descreve **movimento circular e uniforme (MCU)**. Por fim, se a partícula é lançada obliquamente às linhas de campo, seu **movimento** é **helicoidal**.

A força magnética é sempre perpendicular ao campo e à velocidade, podendo seu sentido ser deduzido pela regra da mão esquerda, conforme mostrado na Figura 4.14.

Figura 4.14 – Regra da mão esquerda para deduzir sentido e direção da força magnética

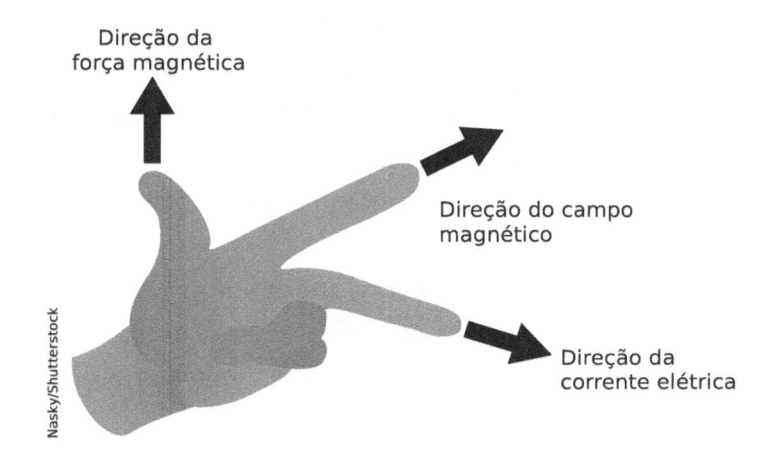

Direção da força magnética

Direção do campo magnético

Direção da corrente elétrica

Nasky/Shutterstock

Além da força magnética, uma força elétrica também pode atuar sobre a mesma partícula eletricamente carregada. Nesse caso, a partícula está submetida à força de Lorentz, que é a soma das duas forças, conforme expresso na Equação 4.6.

Equação 4.6

$$F_L = F_E + F_M = Q(E + v \times B)$$

4.4.3 Orientação magnética

Muitos animais têm demonstrado sofrer influências de, ao menos, três mecanismos diferentes de orientação magnética. O movimento de peixes e a dança e o voo de abelhas e pombos, por exemplo, são influenciados por campos magnéticos que induzem um gradiente de potencial elétrico, o qual, por sua vez, acaba agindo como uma espécie de bússola natural que favorece a orientação desses seres. Algumas espécies, ainda, sentem a influência da variação da intensidade do campo magnético. Os tubarões, por exemplo, utilizam o potencial de ação dos músculos respiratórios de alguns peixes para os localizar a certa distância.

Ainda há muito a se descobrir sobre a influência do campo magnético sobre os organismos, mas alguns mecanismos aplicados a certos comportamentos importantes já são conhecidos. Observações experimentais sugerem três estratégias de interação entre campos geomagnéticos e espécies variadas, as quais serão detalhadas a seguir.

Magnetos permanentes

Algumas bactérias, como as magnetotácticas, detectam campos magnéticos mediante **magnetos permanentes**, uma cadeia de partículas magnetizadas alinhadas ao corpo do organismo que gera força ao tentar alinhamento ou desalinhamento a um campo externo. Dessa forma, acontecem a interação e o consequente movimento da bactéria.

Presença de substâncias paramagnéticas

Algumas espécies produzem substâncias muito específicas, chamadas **paramagnéticas**, que, sob ação de campos externos, sofrem alinhamento, possibilitando o movimento do organismo com base nessa influência.

Sensibilidade à separação de cargas induzidas

O movimento através do campo geomagnético induz uma separação de cargas que pode ser percebida por alguns organismos, favorecendo sua orientação sob a ação desse campo. Um exemplo desse fenômeno é o peixe elasmobrânquio. Nesse caso específico, a água salgada favorece uma trajetória através do fluxo da corrente induzida.

4.5 Orientação magnética de abelhas e pássaros

O campo magnético terrestre tem-se mostrado um fator que influencia a dança e o voo das abelhas, bem como a orientação dos pombos durante o voo.

Pesquisas e experimentações (Mendes, 2014) têm confirmado que o voo das abelhas é norteado pela posição relativa entre seu favo, a fonte de alimentação e o Sol, uma vez que o campo geomagnético, por sua estabilidade, serve como referência para o inseto, já que outras posições são alteradas ao longo do dia.

Em razão da influência de campos externos, o voo das abelhas sofre alterações, o que demonstra, por experimentação, que elas utilizam o geomagnetismo como estratégia de orientação.

Figura 4.15 – Orientação das abelhas através de campos magnéticos

No caso de voo de pássaros migratórios, observações realizadas com radar (Ferreira Neto, 2004) mostraram que muitos não dependem do auxílio visual para orientação, ainda que para longas distâncias. Exposições de algumas aves a diferentes intensidades e direções de campos externos denunciam a influência que estes têm sobre a movimentação, como exemplo podemos citar os pombos-correios.

Figura 4.16 – Voo de pombos orientado por campo magnético

Em uma das pesquisas realizadas, um campo magnético de intensidade da ordem do campo magnético terrestre foi usado sobre aves migratórias. Conforme os dias passavam, o valor do campo magnético externo foi sofrendo variações. Os resultados mostraram que:

- em espaços limitados e sem perturbações no campo magnético aplicado, os pássaros se orientaram para o sul ou norte induzido;
- em campo magnético aplicado em direção perpendicular ao natural, as aves utilizaram o campo aplicado para orientar seu voo;
- há um intervalo de valor para o campo magnético induzido que é capaz de modificar o voo dos pássaros.

Tais observações permitem inferir que a orientação dos pombos-correios se deve às linhas do campo magnético terrestre e não à polaridade do campo. Essa orientação se deve, ainda, a algumas habilidades sensoriais próprias do animal.

Para saber mais

Para acessar mais informações sobre sistemas de medidas de pulsações geomagnéticas, recomendamos a leitura da seguinte tese:

BARBOSA, M. J. F. **Sistema de medidas de pulsações geomagnéticas**. 139 f. Tese (Mestrado em Ciência) – Instituto Tecnológico de Aeronáutica, São José dos Campos, 2003. Disponível em: <http://www.dge.inpe.br/geoma/pdf/Tese_MJFB.pdf>. Acesso em: 18 jun. 2020.

Radiação residual

Neste capítulo, explicamos a importância da eletricidade em estruturas fundamentais do corpo humano, como no caso dos neurônios e do miocárdio. Além disso, assinalamos que a mesma corrente que é fundamental para a comunicação entre partes do corpo também pode ser letal, a depender da sua intensidade e da saúde do corpo pelo qual ela passar. Também neste capítulo, tratamos do biomagnetismo e de suas possíveis influências na localização de alguns animais, bem como retomamos conceitos fundamentais para a compreensão do campo e da força magnética.

Absorção fotônica

1) O ciclo cardíaco conta com um dispositivo que recebe o sangue das veias e envia 75% deste para o ventrículo. Os 25% restantes são enviados após a contração desse dispositivo, que também pode ser considerado bomba de reforço. Assinale a alternativa que apresenta o nome do dispositivo mencionado no enunciado:
   a) Coração.
   b) Artéria.
   c) Átrio.
   d) Nodo sinoatrial.
   e) Válvula semilunar.

2) No que se refere ao potencial de ação de um neurônio, classifique em verdadeira (V) ou falsa (F) cada afirmativa que segue:

( ) A membrana em repouso apresenta potencial de membrana de –90 mV, razão pela qual está polarizada.

( ) Na despolarização, a membrana fica permeável aos íons sódio que retornam ao interior da célula, isso faz com que o potencial de –90 mV seja perdido, variando em direção à positividade.

( ) Quando a fibra é mais grossa, o potencial pode chegar a ser positivo. Porém, em fibras mais finas, ele fica próximo a zero.

( ) Na sequência da despolarização, os canais que eram permeáveis começam a fechar e os canais de potássio que estavam fechados iniciam sua abertura.

( ) A repolarização acontece quando a saída rápida do potássio faz o potencial de membrana voltar a ser igual ao potencial de repouso.

Agora assinale a alternativa que contém a sequência correta de classificação:

a) V, V, F, V, F.
b) V, V, F, V, V.
c) F, F, F, V, V.
d) V, V, V, V, V.
e) F, V, V, F, V.

3) Sobre os conhecimentos a respeito do potencial de ação do miocárdio, classifique em verdadeira (V) ou falsa (F) cada afirmativa que segue:

( ) A repolarização não ocorre de forma imediata. Há um tempo extra em que a célula permanece despolarizada, ao qual nomeamos *platô*, o qual é importante para aumentar a contração do miocárdio.

( ) O músculo esquelético tem seu potencial de ação definido pela rápida abertura dos canais de sódio. A entrada do sódio favorece a repolarização da membrana, quando, então, termina o potencial de ação e acaba, assim, com a contração muscular.

( ) Quando o músculo cardíaco está em repouso, seu potencial de ação é zero, ao passo que, nas fibras de Purkinje, ele é de aproximadamente –95 mV. Quando o ventrículo é ativado, o potencial de membrana fica com potencial próximo a 20 mV, ou seja, o potencial de ação do músculo é de –75 mV.

( ) O potencial de ação do miocárdio depende de dois tipos de canais: os canais rápidos de cálcio e os canais lentos de sódio. Ao passo que os primeiros funcionam exatamente como os das células musculares, os outros se abrem e continuam abertos por décimos de segundo.

( ) Outro fator que auxilia na contração muscular prolongada é o aumento da permeabilidade do potássio, que promove, assim, a saída do cálcio na célula pelos canais lentos.

Agora assinale a alternativa que contém a sequência correta de classificação:

a) V, V, F, F, F.
b) V, V, F, V, V.
c) F, F, F, V, V.
d) F, V, V, V, V.
e) F, V, V, F, V.

4) Sobre os efeitos da corrente elétrica no corpo humano, assinale a única afirmativa correta:
   a) As queimaduras que a passagem de corrente elétrica pode causar são provenientes do seu efeito químico.
   b) A pele seca possui alta resistência, ao passo que a pele molhada possui baixa resistência, isso facilita a passagem dos portadores de carga e potencializa, assim, um choque elétrico.
   c) A tetanização pode ser explicada pelo efeito Joule da corrente no corpo humano.
   d) Se a intensidade de corrente estiver dentro do intervalo de 2 mA a 10 mA, a pessoa não sente qualquer efeito no corpo.
   e) Para que uma pessoa tenha parada cardíaca, ou fique em risco de morte, a intensidade de corrente em seu corpo deve ser maior que 100 A.

5) Sobre os estudos sobre o biomagnetismo, classifique em verdadeira (V) ou falsa (F) cada afirmativa que segue:

( ) Campo magnético consiste em uma grandeza vetorial, representada por **B**, cuja unidade de medida, no Sistema Internacional de Unidades (SI), é o Tesla (T). Sua direção e seu sentido podem ser obtidos pela regra da mão direita. O planeta Terra apresenta um campo magnético próprio, razão pela qual pode ser considerado um gigantesco ímã.

( ) O polo magnético norte da Terra coincide com o polo geográfico Norte, separados apenas por um ângulo de 11,4°.

( ) Partículas eletricamente carregadas sofrem força magnética se colocadas em repouso em um campo.

( ) Alguns animais, como peixes, aves e insetos, possuem um campo magnético interno que interage anulando o campo magnético terrestre, garantindo, assim, sua movimentação.

( ) O campo magnético terrestre tem-se mostrado um fator que influencia a dança e o voo das abelhas, bem como a orientação dos pombos durante o voo.

Agora assinale a alternativa que contém a sequência correta de classificação:

a) V, F, V, F, V.
b) F, V, F, V, F.
c) V, V, F, V, V.

d) F, F, V, F, V.
e) V, F, F, F, V.

Interações teóricas

Salto quântico

1) Células importantes do corpo humano comportam-se como os capacitores usados em circuitos elétricos na área da eletrônica. Escolha uma das células estudadas neste capítulo e construa um quadro comparativo entre ela e um capacitor, explorando semelhanças e diferenças e abrangendo:

 - sua função;
 - sua capacitância;
 - seu formato;
 - material que constitui;
 - suas limitações.

2) Há muitos mitos e lendas em torno da eletricidade e dos efeitos da corrente elétrica no corpo. Escolha um vídeo da internet que proponha medidas de segurança e prevenção a acidentes envolvendo eletricidade. Analise os conceitos apresentados e as estratégias propostas. Depois, com base no estudo do conteúdo deste capítulo, aponte erros e acertos no vídeo escolhido e apresente para seus colegas e/ou seu grupo de estudo.

Relatório do experimento

1) Pesquise em artigos acadêmicos as principais influências do campo magnético sobre animais que não foram mencionados neste capítulo. Há muitos estudos sendo desenvolvidos sobre essa temática. Você pode elaborar uma apresentação e socializá-la com seus colegas e seu grupo de estudo. Mencione o animal e, no caso específico dele, como o campo geomagnético influencia sua vida. Pesquise ainda se há alguma percepção desse campo geomagnético entre os seres humanos.

Radiação: radiações ionizantes e radiações não ionizantes, radioatividade, raios X, raios gama e radiobiologia

5

Primeiras emissões

O nome assusta e gera receios, mas as **radiações** são extremamente comuns e estão presentes nas mais variadas tecnologias que envolvem eletricidade. Agora mesmo, enquanto você está lendo este livro, milhares de radiações estão passando pelo seu corpo, chegando a seus olhos e saindo de você. Felizmente somos capazes de enxergar uma faixa muito pequena de radiações, caso contrário, teríamos dificuldade em ver objetos a poucos passos de nós.

Então, por que as radiações despertam tanto receio? A resposta você encontrará neste capítulo, mas já é possível adiantar que, de fato, algumas são muito perigosas. Em razão da energia que envolvem, elas são capazes de quebrar ligações químicas, interagir com os tecidos do corpo humano, causar mutações e até a morte. No decorrer deste capítulo, você terá subsídios para diferenciar situações em que as radiações são benéficas, usadas inclusive em tratamentos médicos, de situações em que oferecem muitos riscos.

5.1 Modelos atômicos

Com o objetivo de entender aquilo do que seria constituída a matéria, vários modelos foram propostos ao longo da história. Vamos expor as características de cada um deles, explicitar em que aspecto apresentaram falhas e a forma como os modelos posteriores superaram as lacunas deixadas pelos anteriores.

As primeiras tentativas de explicar a constituição de tudo o que era observado na natureza remonta a Tales de Mileto (625 a.C.-s.d.), Leucipo (370 a.C.-s.d.), Demócrito (460 a.C.-370 a.C.) e Aristóteles (385 a.C.-323 a.C.). Quando alguns já defendiam a existência de uma partícula muito pequena, indivisível, que constituiria tudo, Aristóteles acreditava que a matéria era contínua, ou seja, não atômica.

A consolidação do **atomismo** foi iniciada com Robert **Boyle** (1627-1691), o qual já compreendia que alguns átomos se uniam para formar outros. Tal concepção se fortaleceu com John **Dalton** (1766-1844), para quem o átomo seria uma partícula indivisível, esférica, maciça, impenetrável, indestrutível. Daí o nome ***teoria da bola de bilhar***.

Figura 5.1 – Organização atômica segundo a teoria de Dalton

Experiências demonstraram equívocos nessa teoria, principalmente quanto às propriedades elétricas que já eram observadas na época.

No início do século XIX, Michael **Faraday** (1791-1867), após experiências com utilização de corrente elétrica, propôs a existência de parte positiva (cátion) e parte negativa (ânion). Isso serviu de base para que, mais tarde, em 1891, George Johnstone **Stoney** (1826-1911) propusesse pela primeira vez o nome **elétron** para definir partículas que contém eletricidade.

Em experiências com um dispositivo formado por uma ampola de vidro que gerava descargas elétricas em gases, William **Crookes** (1832-1919) e Eugen **Goldstein** (1850-1930) chegaram aos raios catódicos e aos raios canais. Iniciava-se, então, uma polêmica que duraria muitos anos: o que constituía tais raios, partículas ou radiações? Foi em meio a essas discussões que Joseph John **Thomson** (1856-1940) provou que os raios catódicos eram constituídos por elétrons e os raios canais eram, na verdade, íons positivos. No entanto, sua contribuição mais importante foi a relação "carga e massa" do elétron. Em 1897, uma importante conclusão já era conhecida e unânime: o átomo seria divisível e conteria uma parte negativa. No entanto, ainda havia lacunas a respeito das cargas positivas que haviam sido propostas por Goldstein.

Robert Andrews **Millikan** (1868-1953), em 1908, deduziu o valor da carga do elétron e, consequentemente, foi capaz de calcular sua massa, caracterizando finalmente essa importante partícula.

Depois disso, Thomson propôs que o **próton** tinha carga contrária à do elétron e confirmou a medição de sua massa. Foi apenas em 1919, com as contribuições de Ernst **Rutherford** (1871-1937), que o próton foi considerado uma das partículas que formam todos os elementos – é por isso que lhe foi dado esse nome que significa "origem". A proposta de modelo atômico de Thomson já apresentava muitas conclusões admitidas como verdadeiras até a atualidade. No entanto, ele considerava que o átomo era basicamente uma esfera homogênea, positiva, na qual ficavam os elétrons, negativos, simetricamente distribuídos. Daí a analogia a um **pudim de passas**.

Figura 5.2 – Organização atômica segundo a teoria de Thomson

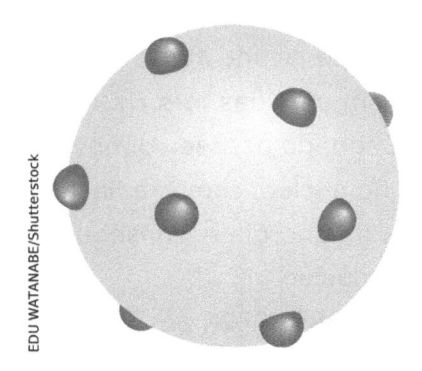

A proposta de Thomson não resistiu por muito tempo. Experiências que envolviam radioatividade demonstravam existir uma separação entre a parte positiva e a negativa do átomo. Rutherford propôs, então, uma teoria segundo a qual os elétrons circulariam, como em órbitas, ao redor do núcleo do átomo, concepção que se aproximava muito da mais atual. Essa proposta foi chamada de *sistema planetário*.

Figura 5.3 – Organização atômica de acordo com a teoria Rutherford

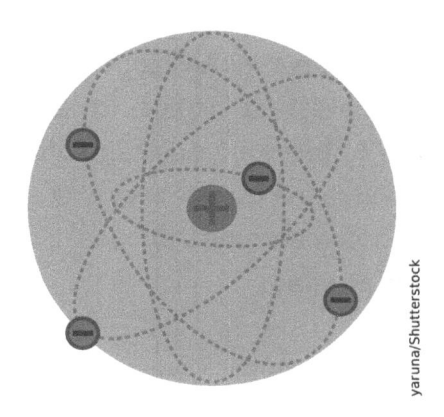

Existia, ainda, uma lacuna nessa teoria, quando era relacionada com uma das **leis de Maxwell** da eletrodinâmica. Segundo essa lei, o movimento do elétron ao redor no núcleo, com irradiação de luz, acarretaria perda de energia e, consequentemente, sua colisão com o núcleo.

Foi Niels **Bohr** (1885-1962), em 1913, quem fez as correções necessárias para que o modelo respondesse a muitos questionamentos sobre a organização atômica. O cientista propôs que o elétron adquiriria energias específicas, as quais respeitariam a **órbitas** específicas. Segundo Bohr, ao receber energia, o elétron realizaria o salto quântico e mudaria de órbita. Ao liberar energia, ou seja, um **fóton**, o elétron retornaria a uma órbita menos energética. Também propôs a existência de uma órbita mínima que corresponderia ao estado fundamental de menor energia possível para o elétron.

Figura 5.4 – Organização atômica por Neils Bohr para alguns elementos

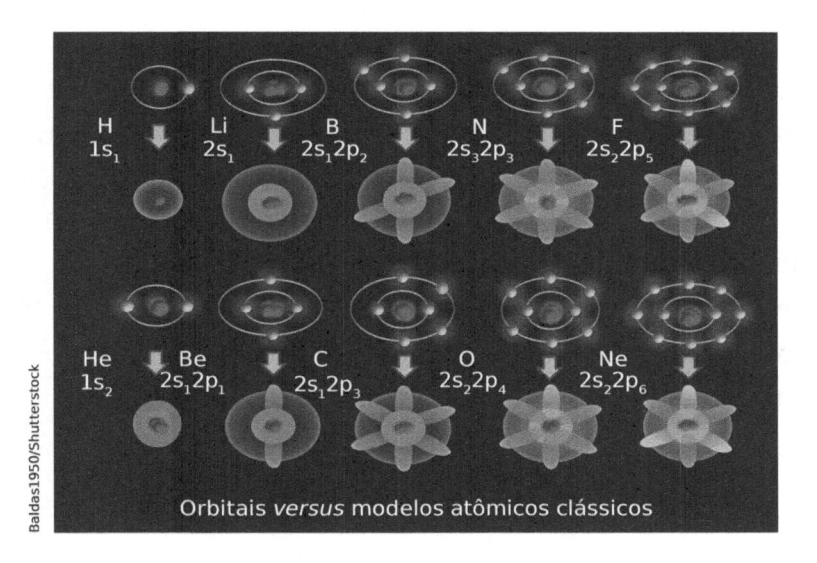

H	Li	B	N	F
$1s_1$	$2s_1$	$2s_1 2p_2$	$2s_3 2p_3$	$2s_2 2p_5$

He	Be	C	O	Ne
$1s_2$	$2s_1 2p_1$	$2s_1 2p_3$	$2s_2 2p_4$	$2s_2 2p_6$

Orbitais *versus* modelos atômicos clássicos

Baldas1950/Shutterstock

Na Figura 5.4, são apresentados alguns exemplos de organização atômica para alguns elementos.

5.2 O espectro eletromagnético, as radiações ionizantes e as radiações não ionizantes

O **espectro** é constituído por ondas de natureza eletromagnética com ampla faixa de frequência de vibração. Todas as **ondas eletromagnéticas** têm as mesmas propriedades físicas: são provenientes do movimento acelerado de partículas elétricas, da interação de campos elétricos e magnéticos, apresentam a mesma velocidade de propagação no vácuo, que vale $3 \cdot 10^8$ m/s. O que difere as **radiações** é a frequência (f) única que cada uma possui. Como conhecemos sua velocidade (v), é possível descobrirmos seu valor de comprimento de onda (λ). Essas grandezas se relacionam pela Equação 3.6, mencionada no Capítulo 3, a lembrar:

$$v = \lambda \cdot f$$

5.2.1 Composição do espectro eletromagnético

Conforme exposto na Figura 5.5, as radiações são organizadas de acordo com a frequência e o comprimento de onda que possuem.

Figura 5.5 – Espectro eletromagnético

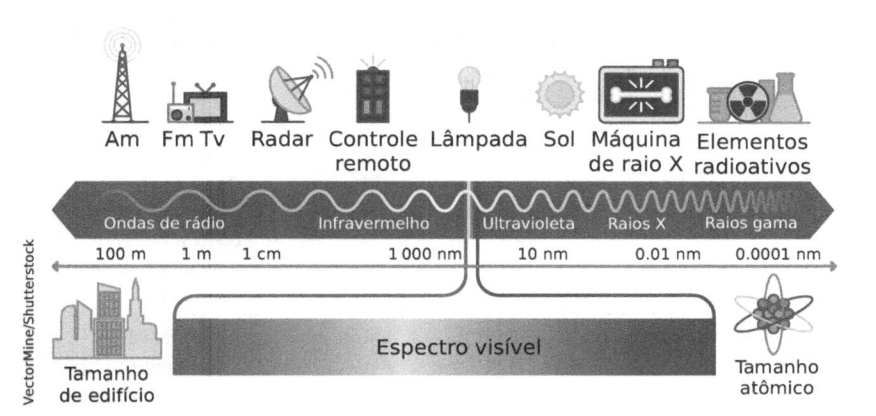

Am	Fm Tv	Radar	Controle remoto	Lâmpada	Sol	Máquina de raio X	Elementos radioativos
Ondas de rádio			Infravermelho	Ultravioleta		Raios X	Raios gama
100 m	1 m	1 cm	1 000 nm	10 nm		0.01 nm	0.0001 nm

Tamanho de edifício — Espectro visível — Tamanho atômico

Ainda que tenham mesma natureza, as radiações diferem quanto a sua origem, importância e utilização, conforme sintetizado no Quadro 5.1.

Quadro 5.1 – Diferentes radiações: origem, frequência, comprimento de onda e outras características

Radiação	Como são originadas	λ (comprimento de onda)	f (frequência)	Características e/ou curiosidades
Ondas de rádio	Em equipamentos eletrônicos.	De alguns quilômetros até 30 cm	Entre 10^3 e 10^{12} Hz	São refletidas pela ionosfera. Têm grande alcance.
Micro-ondas	Em equipamentos e circuitos elétricos, com auxílio de osciladores moleculares e atômicos.	Entre 3 cm e 1 mm	Entre 10^8 e 10^{12} Hz	São importantes para a telecomunicação, o radar e o forno de micro-ondas.

(continua)

(Quadro 5.1 – conclusão)

Radiação	Como são originadas	λ (comprimento de onda)	f (frequência)	Características e/ou curiosidades
Infravermelho	A partir de corpos quentes e de vibrações moleculares.	Entre 1 mm e 0,77 μm	Entre 10^{12} e 10^{14} Hz	Têm grande aplicação na indústria e na medicina. Os seres humanos estão constantemente emitindo esse tipo de radiação.
Luz visível	Em corpos muito quentes ou por transições eletrônicas nos átomos.	Entre 420 nm e 740 nm	Entre $4 \cdot 10^{14}$ Hz a $7,5 \cdot 10^{14}$ Hz	A cor branca, proveniente da luz solar, é a mistura de todas as cores. Cada cor tem sua frequência específica.
Ultravioleta	Pelas transições eletrônicas de modo excitado, da mesma forma que a luz visível.	Entre 430 nm e 0,6 nm	Entre 10^3 e 10^{12} Hz	Podem causar danos à pele. O Sol é uma fonte poderosa dessa radiação, razão pela qual é necessário usarmos diariamente protetor solar.
Raios X	Da interação entre um feixe de elétrons e um meio material.	Entre 0,6 nm e 10 nm	Entre $6 \cdot 10^{16}$ Hz a 10^{19} Hz	Demonstram facilidade para atravessar superfícies. São importantes para a medicina no diagnóstico e no tratamento.
Raios gama	Pela desintegração natural ou artificial de elementos radioativos.	Menor que 10 nm	A partir de 10^{19} Hz	Podem causar graves danos aos organismos.

O estudo do espectro eletromagnético é conhecimento preliminar para compreender quais radiações têm energia suficiente para interagir com os sistemas biológicos.

5.2.2 Radiações ionizantes e radiações não ionizantes

É possível diferenciar as radiações ionizantes das não ionizantes por uma capacidade muito importante que um grupo delas possui, a qual será detalhada a seguir.

Radiações ionizantes

Dependendo de sua energia, as radiações têm a capacidade de ionizar, arrancar elétrons dos orbitais, o meio em que se propagam ou o local onde incidem. Nesse caso, essas radiações são ditas *ionizantes*, pois formam um par de íons: o elétron arrancado e o cátion que é formado pela perda.

A radiação é capaz de ionizar quando apresenta energia maior que a energia de ligação do elétron ao átomo. Vale reforçar que, quanto mais interno estiver o elétron, maior será sua energia de ligação.
Para a radiobiologia, a radiação ionizante é aquela com energia igual ou superior a 10 eV (elétron-volt).
Como exemplo, podemos citar os raios X, os raios gama, a radiação alfa e beta, além das radiações emitidas por prótons e nêutrons.

Há várias fontes de radiação ionizante. Dentre as mais relevantes, podemos citar:

- **Tubos de raio X**: são formados por dois eletrodos responsáveis pela diferença de potencial que acelera as partículas que passam pelo tubo. Os elétrons provenientes do **cátodo** aquecido, o eletrodo positivo, movem-se em direção ao **ânodo**, o eletrodo negativo. Ao chocarem-se com o alvo (ânodo), uma parcela dos elétrons interage com seus átomos, sofrendo um freamento e liberando o **raio X**. Por depender dos eletrodos, que, por sua vez, dependem de eletricidade para funcionar, essa fonte de radiação pode ser facilmente controlada. Pode-se ligá-la e desligá-la quando for necessário.
- **Radionuclídeos**: também chamados de **radioisótopos** (sobre os quais discorremos com mais detalhes na Seção 5.3), essa fonte depende de um elemento químico com número atômico constante, mas que possa mudar de massa. Nesse caso, há instabilidade do elemento que emite radiação para voltar a ser estável (decaimento nuclear). Diferentemente do tubo de raios X, não há controle sobre essa fonte de emissão de radiação ionizante.
- **Radiação cósmica**: provém de supernovas que atingem a atmosfera terrestre, com a qual interagem, criando outras partículas e radiação.

Essas radiações ionizantes podem ter efeitos na água e, por consequência, nos seres vivos. Também são capazes de afetar moléculas orgânicas essenciais para a vida. As radiações desse tipo podem, ainda, ter efeitos sobre a molécula de DNA, quebrando ligações ou até mesmo provocando mutações gênicas, que podem resultar em câncer radioinduzido.

Seus efeitos podem ser analisados considerando-se estágios definidos pelo poder de sua ação. Num primeiro estágio, que não leva mais do que 10^{-15} s, ocorre a ionização de um átomo. Um segundo estágio ocorre com as quebras das ligações químicas das moléculas. Isso pode levar 10^{-6} s. No terceiro estágio, moléculas quebradas na etapa anterior ligam-se a outras. O último estágio, que pode demorar dias ou até anos, está associado a efeitos bioquímicos e fisiológicos.

Radiações não ionizantes

Ainda pertencentes ao espectro eletromagnético, há um grupo de radiações que, embora não tenham energia suficiente para arrancar elétrons, podem ter a capacidade de quebrar ligações químicas de composição dos organismos. Nesse caso, as radiações são chamadas **não ionizantes**. Como exemplos, podemos destacar a **luz visível**, o **infravermelho**, o **ultravioleta**, as **micro-ondas** e o *laser*.

Essa radiação é absorvida pela pele e pode penetrar camadas profundas, aumentado a temperatura do corpo sem alarmar o sistema sensorial que se situa mais externamente. Ondas de rádio podem penetrar a pele rica em água até, em média, 3 cm e, com pouca água, até 17,7 cm, ao passo que ondas de ondas do forno de micro-ondas podem penetrar 1,7 cm se houver abundância de água e 11 cm na escassez desta.

As consequências das interações do corpo humano com ondas geradas pela telefonia celular, por exemplo, são alvo de estudos há alguns anos.

Outra ação dessa radiação no corpo humano, também relacionada a efeitos térmicos, é a catarata, doença dos olhos que se caracteriza por opacidade do cristalino. Essa doença é irreversível a não ser por procedimento cirúrgico. O cristalino é formado por uma proteína que, se aquecida, deixa de ser transparente e se torna opaca e esbranquiçada, como a albumina da clara do ovo quando aquecida.

As radiações não ionizantes podem, também, alterar o fluxo de cálcio em células, a síntese de DNA, a transcrição de RNA, o sistema endócrino e o neurotransmissor. Se o tempo de exposição for prolongado, os organismos ainda podem sofrer com queimaduras, alterações em válvulas cardíacas e malformações fetais.

5.3 Radioatividade e radioisótopos

Quando, espontaneamente, buscando a estabilidade, elementos emitem partículas ou energia, acontece o fenômeno da radioatividade. Entre os elementos que têm essa propriedade, podemos citar o rádio, o polônio, o urânio e o tório.

Os elementos radioativos, que têm excesso de partículas ou de energia, quando buscam a estabilidade, ejetam o excedente. Alguns casos merecem estudo mais detalhado, como o do elemento iodo. O iodo-127, por apresentar estabilidade, não é radioativo. Já o iodo-125 tem um excesso de prótons e, por consequência, uma instabilidade, razão pela qual o átomo, que antes não apresentava propriedades radioativas, passa a tê-las. Isso também acontece com o bromo-80.

As partículas mais comuns ejetadas são a alfa e a beta, ao passo que a energia é a radiação gama. Podem ocorrer, ainda, outros fenômenos com a ejeção de elétrons ou raio X orbital. Nesse caso, o átomo é chamado **radioisótopo**. A produção artificial desses elementos, em pilhas atômicas, reatores atômicos e aceleradores de partículas, é muito importante para o desenvolvimento tecnológico. No entanto, radioisótopos também podem ser obtidos por fissão e fusão nuclear.

5.3.1 Partículas alfa

As **partículas alfa** são provenientes da emissão de um grupo de partículas positivas formadas por dois prótons e dois nêutrons, ou seja, átomos de hélio, que, por ser um gás nobre, não reage com outros elementos.

Figura 5.6 – Formação da partícula alfa

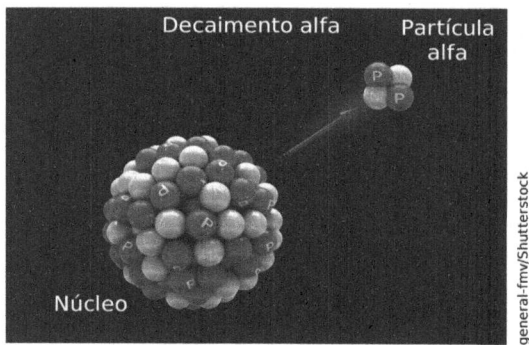

Essas partículas se propagam no ar em trajetórias praticamente retilíneas, perdendo energia cinética à medida que se movem. Em suma, durante seu percurso, excitam e ionizam o meio pelo qual passam.

5.3.2 Partículas beta

Em um átomo, quando há excesso de nêutrons em relação ao número de prótons, ocorre a emissão de um elétron, pela conversão de um nêutron em próton. Nesse caso, tem-se a produção de uma partícula **beta negativa (nêgatron)**. Já se o excesso for de prótons, em relação ao número de nêutrons, a emissão será de uma **partícula beta positiva (pósitron)**, pela conversão de um próton em nêutron.

Figura 5.7 – Formação da partícula beta

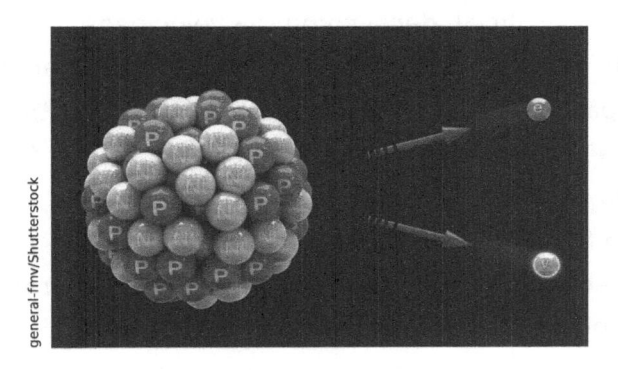

Durante seu percurso, as partículas beta negativas podem interagir com elétrons, ionizando ou excitando o meio em que se propagam. A mudança de camadas experimentadas pelos elétrons é acompanhada da produção de raios X. Sua trajetória no ar é sinuosa.

No caso da partícula beta positiva, seu tempo de vida é muito curto. Por ser uma **antipartícula do elétron**, apresenta comportamento oposto, sofrendo, portanto, aniquilação.

5.3.3 Desintegração radioativa

Quando emite partículas buscando a estabilização, o núcleo do material radioativo tem variação no número de prótons. Como é sabido, o **número atômico** – ou seja, o número de prótons – define o elemento químico. Sendo assim, com a variação mencionada, acontece uma mudança de um elemento a outro. Essa transmutação é chamada de ***desintegração radioativa*** ou **decaimento radioativo**. Cada elemento radioativo, natural ou artificial, decai com uma velocidade específica. Nesse caso, ocorre a emissão de radiação gama, partículas alfa, partículas beta *menos*, partículas beta *mais*, nêutrons. A emissão finaliza quando o átomo recupera sua estabilidade.

Para facilitar a comparação e o entendimento, foi estabelecida uma medida chamada **tempo de meia vida**. Como o termo sugere, esta mede o tempo necessário para reduzir a atividade da amostra à metade de sua atividade inicial.

5.3.4 Radioisótopos em processos biológicos

Alguns radionuclídeos têm características específicas que possibilitam seu uso na medicina nuclear, tanto em diagnósticos como em processos terapêuticos. Graças a isso, é possível investigar processos metabólicos no interior de organismos.

No caso de diagnósticos, são utilizados **emissores de radiação gama** cujo decaimento produz radiação capaz de atravessar tecidos, mas não de ser totalmente absorvida por eles, possibilitando, assim, a formação da imagem. Isso é possível com o uso de **radiofármacos** que são administrados de forma intravenosa, intramuscular ou oral nos pacientes, sendo absorvidos apenas por alguns órgãos. Um dispositivo faz a varredura e registra os acúmulos dos radiofármacos. Por meio de programas computacionais, é produzida a imagem do órgão que precisa ser investigado. Nessa técnica, o radioisótopo mais usado é o tecnécio-99 metaestável.

Outra técnica muito utilizada ainda no caso do diagnóstico é a **tomografia por emissão de pósitrons** (PET, do inglês *positron emission tomography*). Por esse procedimento, é dado ao paciente um radioisótopo emissor de pósitrons (flúor-18). Este se aniquila com um elétron da vizinhança dando origem a dois fótons que se espalham em direções opostas e são detectados. Esse radioisótopo se concentra preferencialmente em órgãos que absorvem glicose, favorecendo, assim, o diagnóstico em locais com crescimento acelerado, como no caso de cânceres e de inflamações.

Além do emprego em diagnósticos, os radioisótopos também são utilizados em tratamentos, como no caso da braquiterapia. Algumas das principais características dessas técnicas serão apresentadas no Capítulo 6.

5.4 Raios X e raios gama

Quando se fala em radiação, é muito comum que, inicialmente, sejam listados os perigos da exposição aos raios X e aos raios gama. Entretanto, além dos perigos que podem causar aos organismos, ambas as radiações são extremamente importantes para o avanço tecnológico em diferentes áreas.

5.4.1 Raios X

Em 1895, após estudos com descargas elétricas, Wilhelm Conrad Roëntgen (1845-1923) descobriu uma radiação capaz de atravessar um tubo de vidro e chamou-a de *raios X*. Essa radiação pode ser obtida pela desaceleração de um feixe de elétrons ao atingir determinado alvo.

Os raios X têm natureza eletromagnética e comprimento de onda menor que 0,1 nm. Por não terem carga elétrica, não sofrem desvios por campos elétricos e magnéticos. Por sua capacidade de penetrar mais que muitas outras radiações do espectro eletromagnético, os raios X têm grande aplicação na medicina.

Figura 5.8 – Exemplos de imagens obtidas por raio X

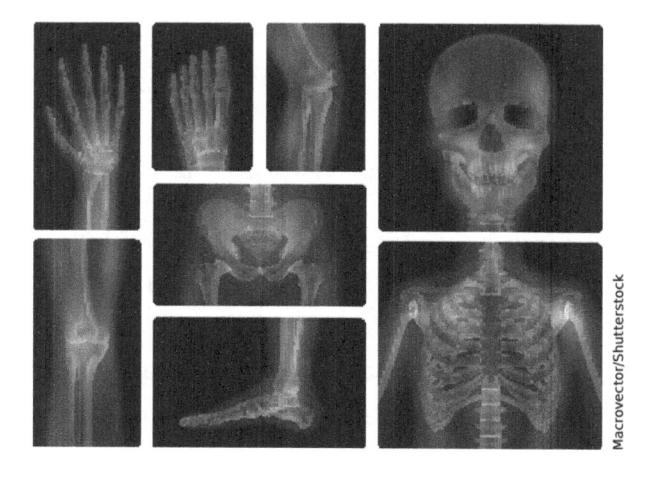

Graças ao avanço científico, atualmente é utilizada uma fonte potente de raios X: o **síncrotron**. Nesse dispositivo, elétrons movem-se em alta velocidade com auxílio de ímãs muito potentes. Mudando-se a direção dos elétrons, ocorre liberação de radiação no comprimento de onda dos raios X.

5.4.2 Raios gama

Depois das partículas alfa e beta descobertas por Rutherford em 1899, em 1900, Paul Ulrich Villard (1860-1934) descobriu os **raios gama**, ou **raios ɣ**. O cientista percebeu que, quando submetidas a um campo magnético, as partículas alfa e beta sofrem desvios, o que não se observa com os raios gama. Esse efeito sugeriu, então, que esses raios não transportam carga. Logo, estes pertencem às radiações eletromagnéticas e diferem dos raios X por serem provenientes do **núcleo atômico**. Por outro lado, foi observado que esses raios tem um poder de penetração muito mais intenso que o das partículas alfa e beta, ainda que seu poder ionizante seja inferior.

Figura 5.9 – Comportamento de determinadas partículas em campo magnético

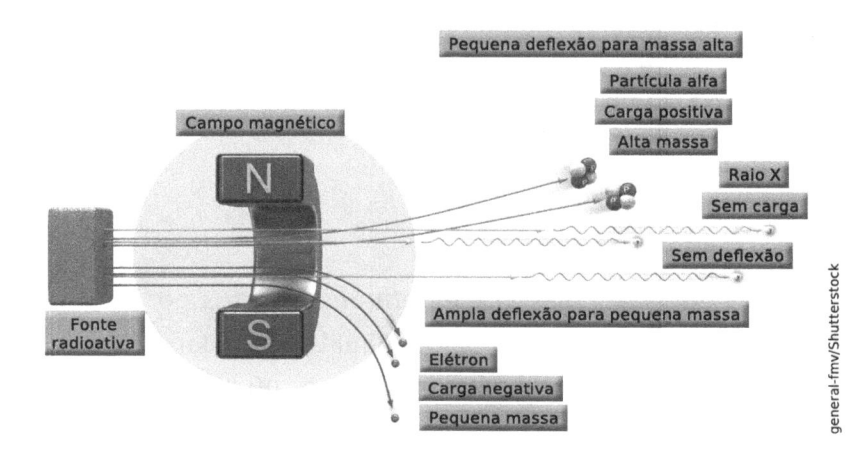

Ao incidir sobre a pele humana, as partículas alfa e beta sofrem bloqueio, mas os raios gama são capazes de penetrar, e até atravessar, o corpo humano, podendo oferecer danos em nível celular.

A interação com a matéria pode acontecer de três maneiras:

- **Efeito fotoelétrico**: a radiação é totalmente absorvida por um elétron, transformando-o em íon. Ocorre com emissões de baixa frequência.
- **Efeito Compton**: por ter associado uma energia maior que a necessária para arrancar um elétron, o excedente energético atinge outros elétrons, mudando suas órbitas.
- **Produção de um par iônico**: ao passar por um núcleo, um raio gama interage e transforma-se em

um par de elétrons. Para isso, a energia da radiação deve ter um alto valor e o par iônico deve interagir com a matéria. Por outro lado, uma emissão gama com energia muito elevada forma um par iônico que dá origem a um próton e a um antipróton.

Ainda que sejam legítimas algumas preocupações a respeito dos raios gama, há muitas aplicações dessa importante radiação, como na esterilização de equipamentos médicos e alimentares, na medicina que combate células cancerosas, em diagnósticos, em *scanners* usados em portos etc.

5.5 Radiobiologia

A radiobiologia é a área que estuda os efeitos da radiação sobre os organismos vivos. Quando muito pouco se conhecia sobre as radiações, vítimas foram feitas, danos foram percebidos. Nesse contexto, essa área se tornou fundamental para garantir o uso das radiações ionizantes sem riscos à vida humana.

5.5.1 Fontes de radiação

Todos estamos constantemente expostos a diversas fontes de radiação próprias do ambiente. O exemplo mais comum é o Sol como fonte de radiação. Esta, chamada de **radiação cósmica**, tem alta energia, sendo a maior parte dela absorvida pela atmosfera.

Figura 5.10 – Sol como fonte de radiação cósmica

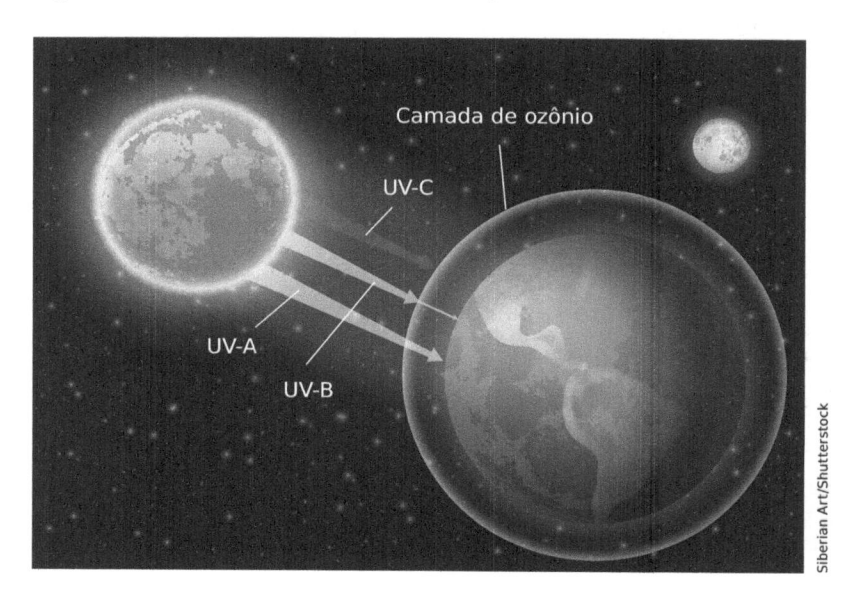

Outro tipo de radiação à qual estamos submetidos é a **radiação da crosta terrestre**. Regiões específicas do planeta apresentam índices de emissão elevados, uma vez que elementos radioativos como urânio, tório e potássio-40 constituem sua crosta. No Brasil, por exemplo, o Morro do Ferro, pertencente ao estado de Minas Gerais, é um lugar não habitado que apresenta altos níveis de emissão radioativa.

Jazidas radioativas têm colaborado muito para que a contaminação atinja índices preocupantes. Chuvas e ventos favorecem a disseminação desses materiais, e a ingestão de alimentos, por sua vez, colabora com a contaminação de animais, além da proliferação por seus dejetos.

Figura 5.11 – Exemplificação de descarte incorreto de resíduos radioativos

Roman Zaiets/Shutterstock

Com o avanço tecnológico, pilhas, baterias, reatores, aparelhos de raios X, entre outros tantos, sem local específico para serem destinados depois de utilizados, geram resíduos, poluição e, consequentemente, contaminação.

5.5.2 Interações das radiações

As radiações interagem com a matéria, gerando excitação dos elétrons de um nível energético a outro ou arrancando-os. Quando essa matéria é um sistema biológico, a radiação pode ter ação direta, inativando enzimas, quebrando ligações, formando radicais complexos capazes de afetar todo o sistema biológico; ou pode ter ação indireta, atuando em moléculas que podem passar a lesar outras. Um exemplo da ação indireta ocorre quando a radiação é absorvida pela água e esta forma radicais muito reativos que acabam por agir em biomoléculas.

A alta energia das radiações ionizantes explica sua capacidade de alterar tecidos biológicos, os quais, em alguns casos, têm delicadeza estrutural muito suscetível a essas interações.

5.5.3 Níveis estruturais das radiações

A interação das radiações com os organismos pode acontecer em diferentes níveis. Em nível mais baixo, ou seja, molecular, podemos citar a quebra da cadeia de DNA, a oxidação da ribose, a perda de agrupamentos químicos e o ganho ou a perda de carga elétrica. O DNA é uma molécula muito sensível, razão pela qual pode sofrer quebra de muitas pontes de hidrogênio, o que, por sua vez, pode provocar a mutação ou a morte celular, pois é uma macromolécula que não pode ser substituída.

Figura 5.12 – Alteração na molécula de DNA

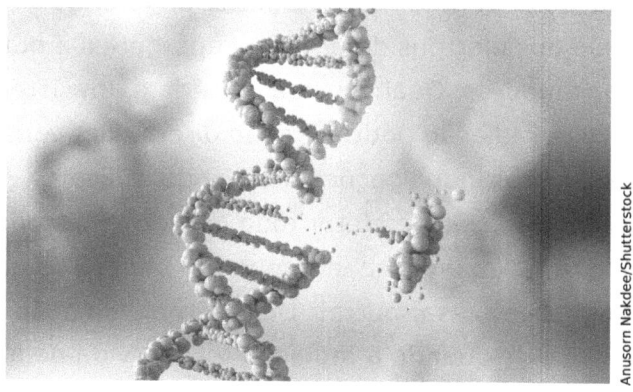

Em um nível mais elevado de interação, células podem sofrer alterações em sua própria divisão ou, até mesmo, morrerem. Os leucócitos – ou seja, as células do tecido hematopoiético – podem ser totalmente destruídos, como no caso da leucemia linfocítica.

Em níveis superiores, todo um sistema pode ser comprometido, alterando a circulação sanguínea – no caso do sistema cardiovascular. Por fim, o corpo todo pode ser afetado, sendo levado à morte. As lesões podem ser reversíveis ou irreversíveis, podendo, até mesmo, ser transmitidas geneticamente.

Embora não haja espécie que não sofra ao menos algum efeito das radiações, há fatores que tornam os tecidos mais ou menos sensíveis, como grande composição de água, maior concentração de DNA, alta taxa de reprodução, células mais jovens, maior presença de oxigênio.

Radiação residual

Neste capítulo, tratamos de forma contextualizada as radiações. Inicialmente, apresentamos o modelo mais atual de organização atômica, bem como seu percurso histórico, com erros e acertos até alcançar a constituição que melhor explica diversos fenômenos e interações observados na natureza.

Além disso, diferenciamos radiação ionizante de radiação não ionizante, esclarecendo que muitas das radiações não recebem o devido cuidado na interação com o corpo humano, uma vez que não apresentam consequências imediatas, as quais são acumuladas ao longo dos anos. Ainda, discorremos sobre fenômenos da radioatividade e a importância de radioisótopos em processos biológicos diversos. Também diferenciamos os raios X dos raios gama, e detalhamos seus processos formativos e a relevância de cada um para o avanço tecnológico.

Por fim, abordamos as características de uma área de estudo que trata dos efeitos causados pela radiação na natureza.

Absorção fotônica

1) Na busca por conhecimento sobre o que constituía a matéria, vários modelos foram propostos ao longo da história. Sobre as características, os erros e os acertos desses modelos, classifique em verdadeira (V) ou falsa (F) cada afirmativa que segue:
   ( ) A consolidação do atomismo foi iniciada com Boyle, o qual já compreendia que alguns átomos se unem para formar outros. Essa teoria se fortaleceu com Thomson. Para este, o átomo era uma partícula indivisível, esférica, maciça, impenetrável e indestrutível. Por isso, sua proposta foi chamada *teoria da bola de bilhar*. Embora não apresentasse falhas, essa teoria era muito reduzida, razão pela qual precisou de melhorias.

( ) Faraday, Stoney, Crookes e Goldstein foram importantes colaboradores para a teoria do "pudim de passas" de Thomson, que admitia ser o átomo basicamente uma esfera homogênea, positiva, na qual os elétrons, negativos, ficavam simetricamente distribuídos. Essa teoria teve um tempo de aceitação curto graças às experiências que envolviam radioatividade e demonstravam existir uma separação entre a parte positiva e a negativa do átomo.

( ) Niels Bohr propôs uma teoria segundo a qual os elétrons circulariam, como em órbitas, ao redor do núcleo do átomo, concepção muito próxima à mais atual. Essa proposta foi chamada de *sistema planetário* e seu erro era apontado por uma das leis de Maxwell da eletrodinâmica. Com base nessa lei, o movimento do elétron ao redor no núcleo, com irradiação de luz, acarretaria um ganho infinito de energia.

( ) Foi Thomson que fez as correções necessárias para que o modelo de Rutherford respondesse a muitos questionamentos sobre a organização atômica. Propôs que o elétron adquire energias específicas, condizentes com órbitas específicas. Ainda com base nessa teoria, ao receber energia, o elétron realiza o salto quântico, mudando de órbita. Ao liberar energia, ou seja, um fóton, o elétron pode retornar a uma órbita menos energética.

( ) De acordo com a teoria mais atual para a organização atômica, proposta por Bohr, os elétrons estão distribuídos em camadas em ordem crescente de energia. Estas ainda possuem subníveis de energia que dão formato à órbita dos elétrons na eletrosfera.

Agora assinale a alternativa que contém a sequência correta de classificação:

a) F, V, F, V, F.
b) V, V, F, V, V.
c) F, V, F, F, V.
d) V, V, V, V, V.
e) F, V, V, F, V.

2) No que se refere às radiações que compõem o espectro eletromagnético, classifique em verdadeira (V) ou falsa (F) cada afirmativa que segue:

( ) As ondas de rádio são originadas em equipamentos eletrônicos, e caracterizam-se por grande alcance e alta energia. Essas ondas escapam facilmente para o espaço. Têm pequeno comprimento e alta frequência.

( ) As ondas infravermelhas são originadas por transições eletrônicas nos átomos. Seu comprimento de onda é curto, já sua frequência e sua energia são altas. O corpo humano não pode ficar exposto a essa radiação, uma vez que podem representar riscos à saúde.

( ) As micro-ondas são originadas em circuitos elétricos com o auxílio de osciladores moleculares e atômicos. Seu comprimento de onda é da ordem de alguns quilômetros e elas têm grande aplicação na medicina e na indústria. O Sol é uma fonte desse tipo de radiação.

( ) A luz visível pertence a uma faixa muito curta do espectro. Cada cor apresenta uma frequência específica. A cor vermelha apresenta menor frequência e maior comprimento de onda, ao passo que a cor violeta tem maior frequência e menor comprimento de onda.

( ) Os raios X são originados da interação entre um feixe de elétrons e um meio material. Essa radiação possui alta frequência e alta energia, garantindo, assim, facilidade para atravessar superfícies. Essa característica favorece seu uso na medicina, tanto em diagnósticos como em tratamentos.

Agora assinale a alternativa que contém a sequência correta de classificação:

a) V, V, F, V, F.
b) V, V, F, V, V.
c) F, F, F, V, V.
d) V, V, V, V, V.
e) F, V, V, F, V.

3) Sobre as características, o processo de formação dos raios X e dos raios gama, bem como os conhecimentos sobre a radioatividade, classifique em verdadeira (V) ou falsa (F) cada afirmativa que segue:

( ) Em 1895, após estudos com descargas elétricas, Roëntgen descobriu uma radiação capaz de atravessar um tubo de vidro, as quais chamou de *raios X*. Essa radiação pode ser obtida pela desaceleração de um feixe de elétrons ao atingir determinado alvo.

( ) Uma partícula alfa é gerada quando há a emissão de um grupo de partículas positivas formadas por dois prótons e dois nêutrons, ou seja, átomos de hélio, que, por ser um gás nobre, não reage com outros elementos.

( ) Em um átomo, quando há excesso de nêutrons em relação ao número de prótons, ocorre a emissão de um elétron pela conversão de um próton em nêutron. Nesse caso, tem-se a produção de um raio gama.

( ) Quando emite partículas buscando a estabilização, o núcleo de um elemento tem variação no número de prótons. Como o número atômico define o elemento químico, essa mudança tem como consequência a transformação de um elemento em outro. Esse fenômeno é chamado de *desintegração radioativa ou decaimento radioativo*.

( ) Em 1900, Villard descobriu os raios gama.
O cientista percebeu que quando submetidas a um campo magnético, as partículas alfa e beta sofrem desvios, assim como os observados nos raios gama. Esse efeito sugeriu, então, que esses raios transportam carga. Consequentemente, foi admitido que os raios gama pertencem às radiações eletromagnéticas e diferem dos raios X por serem provenientes do núcleo atômico.

Agora assinale a alternativa que contém a sequência correta de classificação:

a) V, V, F, V, F.
b) V, V, F, V, V.
c) F, F, F, V, V.
d) F, V, V, V, V.
e) V, V, V, F, V.

4) No que se refere às radiações ionizantes e não ionizantes, assinale a única afirmativa correta:
   a) Dependendo de sua energia, as radiações têm a capacidade de ionizar (arrancar elétrons dos orbitais) o meio em que se propagam ou o local onde incidem. Nesse caso, essas radiações são ditas *ionizantes*, pois formam um par de íons – o elétron arrancado e o cátion que é formado por sua perda.
   b) Exemplos das radiações não ionizantes são: os raios X, os raios gama, as radiações alfa e beta, além das emitidas por prótons e nêutrons.

c) As radiações não ionizantes podem ter efeitos na água e, por consequência, nos seres vivos, além de agir sobre moléculas orgânicas vitais para a vida. As radiações desse tipo podem ainda ter efeitos na molécula de DNA, quebrando ligações ou até mesmo provocando mutações gênicas, resultando em câncer radioinduzido.
d) As radiações ionizantes não têm energia suficiente para arrancar elétrons, mas podem ter a capacidade de quebrar ligações químicas que compõem os organismos. Como exemplo, podemos destacar a luz visível, o infravermelho, o ultravioleta, as micro-ondas e o *laser*.
e) As radiações ionizantes estão relacionadas a efeitos térmicos. Um exemplo é a catarata, doença dos olhos que se caracteriza por opacidade do cristalino. O cristalino é formado por uma proteína que, se aquecida, deixa de ser transparente e se torna opaca e esbranquiçada. Além disso, essas radiações podem alterar o fluxo de cálcio em células, a síntese de DNA, a transcrição de RNA, o sistema endócrino e o neurotransmissor.

5) Sobre os estudos da radiobiologia, assinale a única afirmativa **incorreta**:
a) Trata-se de uma importante área que estuda os efeitos da radiação sobre os organismos vivos. Quando muito pouco se conhecia sobre as radiações, vítimas foram feitas, danos foram

percebidos, tornando a radiobiologia fundamental para garantir o uso das radiações ionizantes sem riscos à vida humana.

b) Uma fonte de radiação à qual estamos submetidos é a radiação da atmosfera terrestre. Camadas específicas da atmosfera apresentam índices de emissão elevados, uma vez que elementos radioativos como o ozônio a constituem.

c) Com o avanço tecnológico, pilhas, baterias, reatores, aparelhos de raios X, entre outros tantos, sem local específico para descarte, geram resíduos, poluição e, consequentemente, contaminação.

d) As radiações interagem com a matéria, gerando excitação dos elétrons de um nível energético a outro ou arrancando-os. Quando essa matéria é um sistema biológico, a radiação pode ter ação direta, inativando enzimas, quebrando ligações, formando radicais complexos capazes de afetar todo o sistema biológico; ou, ainda, ação indireta, atuando em moléculas que podem lesionar outras.

e) Os seres humanos estão constantemente expostos a diversas fontes de radiação próprias do ambiente. O exemplo mais comum é o Sol. A chamada radiação cósmica possui alta energia, sendo a maior parte dela absorvida pela atmosfera.

Interações teóricas

Salto quântico

1) Pesquise sobre como eram realizados os diagnósticos e os tratamentos para doenças como tumores antes do uso dos radioisótopos. Liste as vantagens e as desvantagens do uso dessa tecnologia na medicina.

2) Neste capítulo, demonstramos que os modelos atômicos foram construídos historicamente mediante erros, acertos, hipóteses, estudos, superações, substituições. Na história da ciência, isso aconteceu com vários outros conceitos importantes. Em sua opinião, qual é a importância de conhecermos esse processo lento e moroso, que muitas vezes dependeu da doação da vida social dos pesquisadores, os quais, de forma simplificada e desmerecedora, são rotulados como gênios. Pesquise uma teoria que passou pelo mesmo processo e apresente de forma resumida sua construção ao longo dos anos a seu professor, sua turma e seus colegas.

Relatório do experimento

1) Identifique, na região em que você mora – cidade, bairro, distrito –, quais são os problemas causados por radiações ionizantes e radiações não ionizantes mais recorrentes. Relacione para cada uma delas quais fatores podem estar contribuindo para sua existência.

Quais estratégias poderiam ser consideradas para evitar a continuidade de incidência? Organize os dados e as conclusões em um modelo de apresentação para socializar com seu professor, sua turma e seus colegas.

Técnicas e análises em biofísica

6

Primeiras emissões

O avanço da tecnologia na área da medicina após a descoberta dos raios X e dos raios gama foi, sem dúvida, um marco na história da humanidade. Graças à pesquisa e aos estudos, as radiações, que representavam um problema pelo risco agregado a elas, tornaram-se grandes aliadas na promoção da saúde humana. Neste capítulo, demonstraremos que, na análise dos sistemas biológicos em níveis atômicos e moleculares, algumas técnicas são essenciais em razão da complexidade, da precisão e das características específicas que apresentam.

6.1 Radioterapia

Como verificamos no Capítulo 5, as radiações merecem atenção especial porque possibilitam a alteração celular. No entanto, se sua utilização for controlada, elas podem ser utilizadas a nosso favor, como no caso da radioterapia para matar células cancerígenas.

6.1.1 Breve histórico da radioterapia

Com a técnica de **radioterapia**, radiações ionizantes são usadas para inibir o aumento de determinadas células, como no caso de hemorragias e tumores.

A história da radioterapia remonta a 1895, com a descoberta dos raios X por Wilhelm Conrad Roëntgen (1845-1923), estende-se à tese de Marie Curie

(1867-1934), em 1904, e chega ao desenvolvimento do síncrotron em 1932, para aplicação de radiações ionizantes na medicina. Na década de 1950, pesquisadores canadenses propuseram a utilização do elemento ^{60}Co, que foi capaz de atingir radiações com energia de 1,25 MeV (1 MeV = $1,60218 \cdot 10^{-13}$ J), seguido do acelerador linear de elétrons. No Brasil, apenas em 1971 foi instalado o primeiro acelerador linear de elétrons.

6.1.2 Radiações

Dependendo da interação com a matéria, a radiação pode ter efeito de: **excitação**, quando a energia envolvida apenas move elétrons de uma camada a outra no átomo; ou **ionização**, quando há energia suficiente para arrancar elétrons dos átomos, ou seja, transformá-los em íon.

Considerando o espectro eletromagnético que apresentamos no Capítulo 4, as radiações podem ser divididas em ionizantes e não ionizantes a depender de sua frequência de vibração.

Figura 6.1 – Espectro eletromagnético com exemplos de aplicação

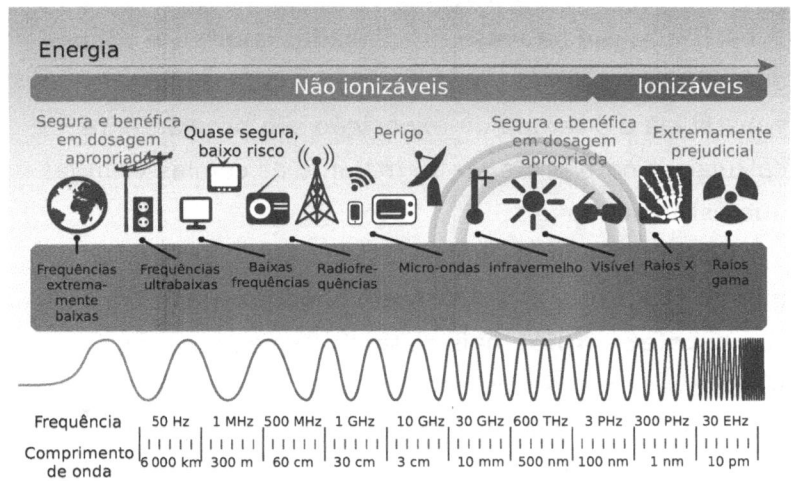

Frequência	50 Hz	1 MHz	500 MHz	1 GHz	10 GHz	30 GHz	600 THz	3 PHz	300 PHz	30 EHz
Comprimento de onda	6 000 km	300 m	60 cm	30 cm	3 cm	10 mm	500 nm	100 nm	1 nm	10 pm

Polina Kudelkina/Shutterstock

Perceba, na Figura 6.1, que, quanto maior é a frequência da radiação, menor é seu o comprimento de onda.

As radiações ionizantes, que estudamos no capítulo anterior, podem ainda ser classificadas como direta ou indiretamente ionizantes. No caso das primeiras, as radiações podem ser geradas por partículas elementares, partículas alfa e íons pesados. Por sua vez, no caso das indiretamente ionzantes, podemos citar emissões de fótons, raios X, raios gama e nêutrons.

Ao interagir com tecidos do corpo, as radiações ionizantes arrancam elétrons, ionizando o meio e desencadeando reações químicas como a hidrólise da água e a quebra nas cadeias de DNA.

6.1.3 A técnica de radioterapia

O método da **radioterapia** consiste no uso de substâncias radioativas encapsuladas sobre um volume de tecido englobado por um tumor. A quantidade de substância e o tempo de exposição são previamente calculados para proteger ao máximo as células vizinhas que estão saudáveis.

De acordo com a distância entre o paciente e a fonte emissora, a radioterapia pode ser classificada como: **teleterapia**, mais distante do paciente; ou **braquiterapia**, encostada no paciente. No caso da teleterapia, os aparelhos utilizados são de ^{60}Co, raios X e aceleradores lineares, com aplicações diárias no paciente deitado. Na braquiterapia, que pode ser do tipo de **baixa taxa de dose (LDR)** ou de **alta taxa de dose (HDR)**, as aplicações são poucas e podem precisar de anestésico. Nesse caso, um material radioativo é inserido nas proximidades do corpo em tratamentos, como nos de câncer do colo do útero. Na braquiterapia, o paciente pode permanecer deitado (LDR), ou, ainda, não precisar ficar parado muito tempo ou internado (HDR).

Aceleradores de partículas

Objetivando acelerar partículas eletricamente carregadas, faz-se necessária a utilização de campo elétrico na direção da aceleração. Os **aceleradores de partículas**, a depender da fonte de tensão usada, podem ser eletrostáticos ou cíclicos.

Nos **aceleradores eletrostáticos**, o campo é produzido por uma fonte de tensão constante, determinante da energia cinética das partículas, limitando, assim, a energia a um valor crítico.

Por sua vez, no caso dos **aceleradores cíclicos**, o campo elétrico é variável e não conservativo com campo magnético, o que tem como consequência ganhos de energia cinética – ou seja, não há a limitação da tensão aplicada como no caso do outro tipo.

Ao atingir o alvo, grande parte da energia cinética é convertida em calor e outra fração é convertida em fótons de raios X.

Aceleradores lineares

Usados para tratamento tanto de tumores mais superficiais quanto de tumores mais profundos, os **aceleradores lineares** utilizam micro-ondas para acelerar as partículas em um tubo linear, com energia cinética que pode atingir 25 MeV.

Figura 6.2 – Acelerador linear

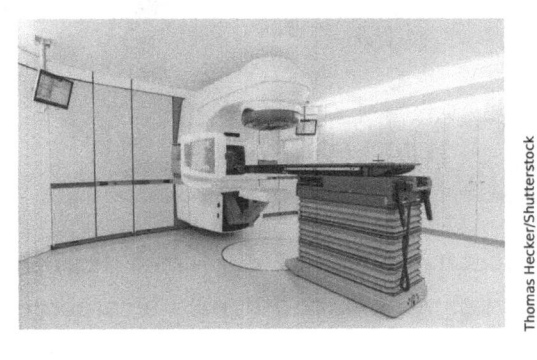

Em suma, a radioterapia utiliza feixes de alta energia que afetam todas as células do campo de tratamento. As células anteriormente sadias recuperam-se e as adoecidas são destruídas ou passam a ter reprodução inibida. Essa técnica, ainda que ofereça muitos efeitos colaterais, é muito eficiente no tratamento de determinados tumores e hemorragias.

6.2 Espectroscopia de absorção de luz

Todas as moléculas absorvem luz de forma muito particular, com base na sua estrutura e no meio que a circunda.

Figura 6.3 – Cientista usando espectrometria de absorção atômica

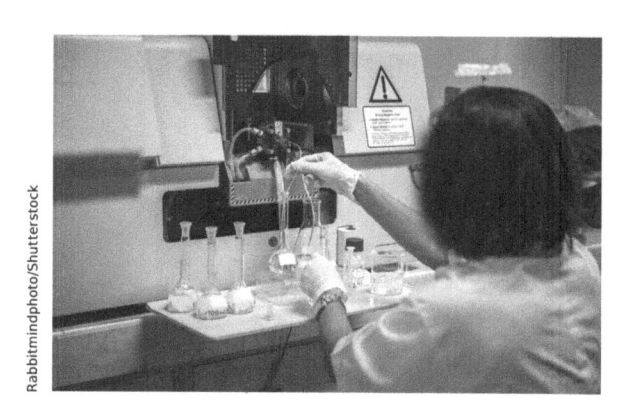

Esse aspecto é utilizado, na técnica de análise chamada de *espectroscopia*, para a caracterização de macromoléculas.

6.2.1 Absorção da luz

Como analisamos no Capítulo 3, a luz apresenta comportamento dual – como partícula e como onda –, ou seja, é constituída por fótons. Quando incide sobre uma molécula, uma onda pode ser absorvida ou espalhada de acordo com propriedades específicas de cada molécula.

Quando é absorvida, a luz causa uma excitação de um estado a outro, caracterizando uma molécula **cromóforo** que converte a radiação absorvida em calor e reemitindo fluorescência com energia menor que a incidente.

Figura 6.4 – Salto quântico com emissão de fóton

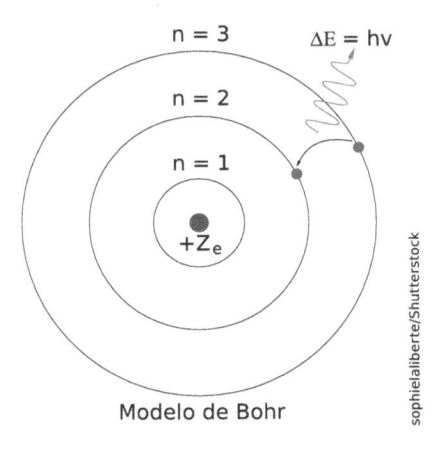

Modelo de Bohr

$n = 3$
$n = 2$
$n = 1$
$+Z_e$
$\Delta E = h\nu$

sophielaliberte/Shutterstock

De acordo com as leis da mecânica quântica, cada molécula tem sua própria distribuição discreta de energia, propriedade que é a base da análise pela espectroscopia.

A absorção acontece apenas quando a quantidade de energia absorvida é igual à diferença entre dois níveis de energia (ΔE), como expresso na (Equação 6.1).

Equação 6.1

$$\Delta E = E_2 - E_1$$

Retomando a expressão de energia (E):

Equação 6.2

$$E = \hbar \cdot f$$

$\hbar$ é a constante de Planck com valor $6{,}63 \cdot 10^{-34}$ m² · kg/s e f é a frequência das radiações.
Relacionando o exposto com a Equação 6.3:

Equação 6.3

$$f = \frac{c}{\lambda}$$

Obtemos a Equação 6.4:

Equação 6.4

$$\lambda = \frac{\hbar \cdot c}{E}$$

E, no caso da quantidade de energia absorvida, a Equação 6.5:

Equação 6.5

$$\lambda = \frac{\hbar \cdot c}{\Delta E}$$

Para a maioria das moléculas, o comprimento de onda (λ) que corresponde à transição de um nível energético fundamental a outro do primeiro estado está compreendido no intervalo da luz ultravioleta e da luz visível.

6.2.2 A técnica de espectroscopia

O aparelho que permite o uso da espectroscopia é o **espectrofotômetro**, que consiste basicamente em uma fonte de luz, um monocromador, um dispositivo que contém a amostra – cubeta –, um detector de luz e um dispositivo de registro dos dados de saída.

Figura 6.5 – Técnica de espectroscopia

Basicamente, realiza-se uma medição da luz transmitida pelo solvente e da luz transmitida pela amostra no solvente. A diferença entre os valores fornece a absorvância do soluto. Isso é feito para comprimentos de onda em uma variação de 2 nm.

Cada macromolécula tem um parâmetro de densidade óptica ou coeficiente de absorção molar. O valor do comprimento de onda relacionado ao **pico da absorção** ($\lambda_{máx}$) associa-se ao **coeficiente de absorção molar** (ε), utilizado para comparação na análise.

A estrutura química da molécula define o espectro de absorção de determinado cromóforo. No entanto, alguns fatores associados ao meio contribuem para alterações em $\lambda_{máx}$ e ε. Tais alterações também são utilizadas como referência nesse tipo de análise. Entre os fatores, podemos mencionar: mudanças no pH do solvente, polaridade do solvente ou de moléculas vizinhas, orientação relativa dos cromóforos vizinhos etc.

6.3 Cristalografia

A cristalografia visa essencialmente conhecer a estrutura dos materiais em nível atômico, independentemente do estado físico em que se encontram, da sua origem e das suas propriedades.

A organização estrutural de átomos, moléculas ou íons é fator determinante para a estrutura física dos sólidos. Os minerais têm uma organização bem-definida, chamada *estrutura cristalina*, bem diferente das substâncias amorfas, como no caso da madeira, dos plásticos e do vidro. O empilhamento regular dos átomos forma as faces planas dos cristais. Essa organização pode ser evidenciada em estruturas ósseas, óxidos, grãos de sal, dentre tantos outros exemplos.

A simetria dos cristais é objeto de estudo da cristalografia. Ao serem atravessados por raios X, os cristais espalham a radiação em direções específicas. De posse de informações como direção e intensidade dos feixes que sofreram o espalhamento, é possível estimar a estrutura atômica de cada cristal, tridimensionalmente.

6.3.1 Breve histórico da cristalografia

Há indícios de que o estudo dos cristais teve início no século XVII, com as pesquisas de Niels Stensen (1638-1686). No entanto, com a descoberta dos raios X no fim do século XIX, a cristalografia teve grande desenvolvimento por meio de estudos que descobriram regularidades em difrações através dos cristais. Já em meados do século XX, foi possível prever a posição de átomos no interior dos cristais, possibilitando, assim, compreender sua estrutura tridimensional.

Figura 6.6 – Exemplo da montagem da técnica de cristalografia

Mais tarde, a cristalografia permitiu descobertas importantes em estruturas vivas, garantindo grande desenvolvimento na medicina, com a compreensão da estrutura molecular do colesterol, da penicilina, da vitamina B12, da insulina, de algumas proteínas, de alguns ácidos nucleicos etc.

6.3.2 A técnica de cristalografia

A utilização da técnica de cristalografia é restrita ao exame de sólidos que tenham uma estrutura atômica regular. Essa estratégia de análise permite descobrir que dois materiais aparentemente tão distintos, como o diamante e o carbono, na verdade diferem muito pouco estruturalmente, uma vez que ambos são constituídos unicamente por átomos de carbono.

Figura 6.7 – Diferença estrutural entre o diamante e o grafite

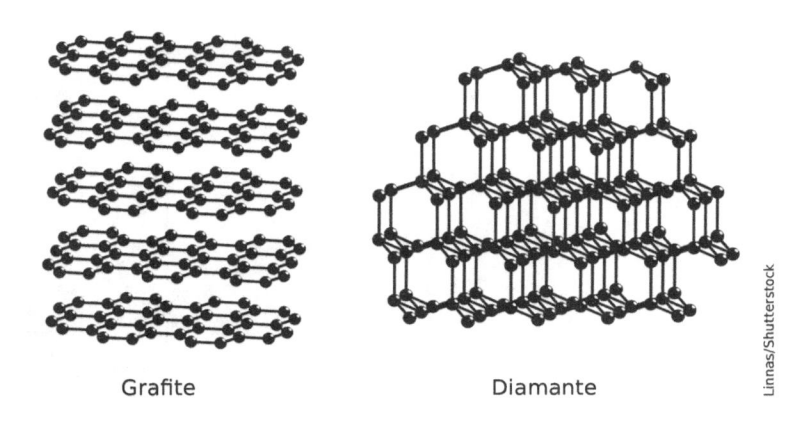

Grafite   Diamante

Usando uma analogia muito corriqueira, a cristalografia assemelha-se à simulação de um arco-íris no fundo de um CD, sobre uma mancha de óleo, ou mesmo nas carapaças de alguns besouros.

Quando incide sobre os átomos do cristal, um feixe de radiação eletromagnética sofre o fenômeno de **espalhamento** ou, ainda, **difração com interferências construtivas**, como mostra a Figura 6.8

Figura 6.8 – Difração e interferência de ondas: experiência de Young

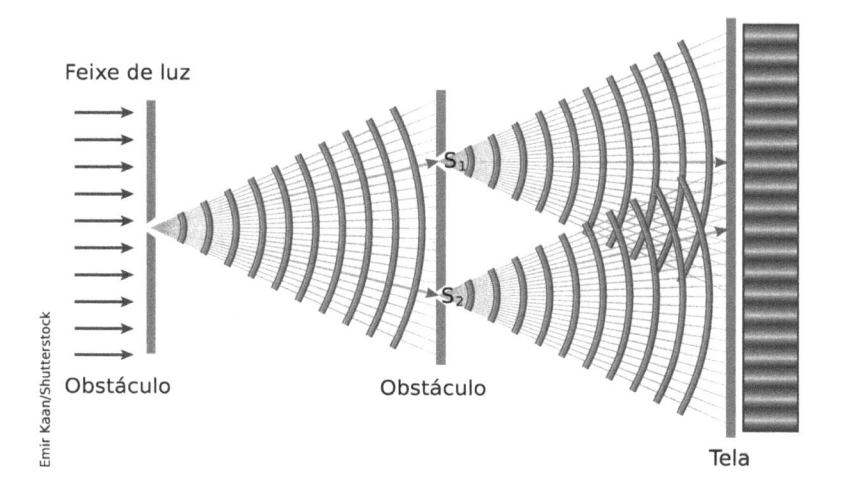

Feixe de luz

Obstáculo

Obstáculo

S_1

S_2

Tela

Emir Kaan/Shutterstock

Com base na **Lei de Bragg**, é possível calcular a distância interplanar de cada cristal. A condição para isso é que a distância entre os centros de espalhamentos –átomos, células, cristalitos – tenha a mesma ordem de grandeza que o comprimento de onda espalhada (Schields, [S.d.]).

Com a radiação espalhada, cria-se um padrão de difração com as diferentes direções e intensidades que dependem do tamanho e do formato do centro de espalhamento.

Antigamente, a emissão dos raios X acontecia por tubos em vácuo, o que favorecia apenas estudos com cristais grandes, podendo ser necessárias semanas para coletar os dados gerados. A grande guinada no uso da cristalografia deu-se quando surgiram os síncrotrons no fim do século XX, poderosas fontes de emissão de radiação. Além do alto brilho, do amplo espectro de energias e da baixa divergência angular, essa tecnologia possibilitou seleções mais precisas de comprimentos de onda.

6.4 Ressonância magnética

A ressonância magnética (RM) tem sido muito importante, principalmente para a medicina. Graças a essa técnica de análise, imagens de estruturas de um organismo são produzidas com grande resolução. Por essa razão, tecidos moles podem ser avaliados. Por não utilizar radiação ionizante, e sim campo magnético e ondas de rádio, não oferece riscos de lesão aos tecidos biológicos. Outras vantagens de seu uso são o baixo custo operacional e o fato de não ser invasiva no organismo que precisa de diagnóstico.

A técnica foi desenvolvida por dois grupos de pesquisadores que, em 1952, ganharam o prêmio Nobel. Uma equipe foi liderada por Felix Bloch (1905-1983), da Universidade de Stanford, e outra, por Edward Purcell (1912-1997), da Universidade de Harvard. No entanto, sua primeira aplicação biológica aconteceu somente em 1967, por Jasper Johns.

A RM baseia-se nas propriedades magnéticas naturais próprias de cada tecido considerando sua vitalidade.

Figura 6.9 – Exemplo de máquina e imagem por ressonância magnética

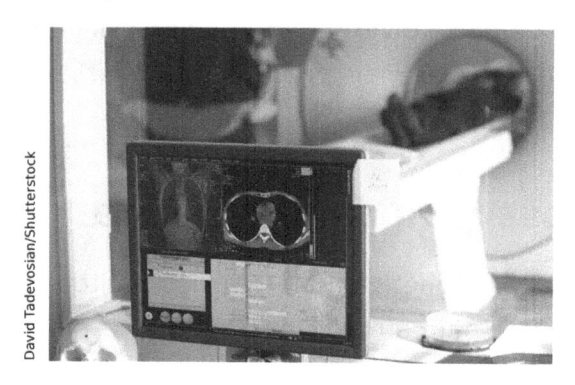

6.4.1 Propriedades magnéticas dos núcleos

Todo núcleo apresenta uma propriedade fundamental, oriunda das partículas elementares, chamada **spin**. Quando os spins não estão pareados, surge um campo magnético, denominado ***momento magnético nuclear***. Este, por sua vez, é capaz de emitir respostas quando exposto a campos magnéticos externos e está em constante movimento de precessão. Esse movimento, fundamentado no fenômeno da ressonância, garante ganho energético quando os momentos são submetidos a campos magnéticos externos controlados que favorecem a formação das imagens dos tecidos. Dessa forma, é possível concluir que núcleos desprovidos de momento magnético nuclear não apresentam interações com radiações externas de radiofrequência. Felizmente, entre os núcleos que apresentam momento magnético, está o hidrogênio, que constitui dois terços dos núcleos do corpo humano, assim como o sódio, o fósforo e o carbono.

A **frequência de precessão** (φ) é também designada como ***frequência de Larmor*** e cresce proporcionalmente ao acréscimo do **campo magnético externo** (B), de acordo com a Equação 6.6.

Equação 6.6

$$\varphi = k \cdot B$$

Nessa equação, *k* é a constante giromagnética e tem um valor específico para cada núcleo. No caso do hidrogênio, elemento mais relevante nessa análise, a constante vale k = 42,58 MHz/T (megahertz/Tesla).

6.4.2 Obtenção da imagem

Como observamos anteriormente, é imprescindível o ganho energético dos núcleos para que a ressonância possibilite a visualização do tecido a ser investigado. Para isso, uma fonte de radiofrequência é utilizada com mesma intensidade que a frequência de Larmor dos núcleos. Por ser de natureza eletromagnética, as ondas de radiofrequência têm características muito semelhantes às da luz visível, embora uma diferença seja essencial para sua utilização em diagnósticos: o fato de que, para as ondas de radiofrequência, o corpo humano é transparente, uma vez que elas têm baixa frequência.

Para a visualização de um tecido específico é necessário um contraste entre ele e o meio em que está inserido. Esse contraste é percebido pela relação entre o vetor campo magnético (M_0) do objeto de análise e o M_0 dos tecidos a seu redor.

A construção da imagem necessita de pelo menos dois planos. Para isso, o campo é aplicado nas direções x, y e z do plano tridimensional. O gerador de radiofrequência emite ondas que chegam às bobinas. Estas se comportam como antenas, excitando os núcleos das amostras a serem analisadas. Os decaimentos livres de indução (FIDs, do inglês *free induction decay*) – decaimentos do sinal de M_0 pelos pulsos de radiofrequência – são amplificados por um receptor, armazenados, processados e transformados na frequência de saída. São essas frequências que mostram a posição espacial do tecido em análise, ao passo que a amplitude está associada à densidade nuclear de cada amostra. Por meio de um monitor, tal densidade pode ser visualizada pela luminosidade dos pontos que constituem a imagem e pela quantidade de núcleos da amostra.

6.5 Eletroforese

A eletroforese é muito empregada em análises laboratoriais e pesquisas. É utilizada quando se objetiva a separação dos componentes de um sistema – por exemplo, macromoléculas de DNA, RNA, enzimas que possuem cargas e tamanhos diferentes – com utilização de um campo elétrico.

Figura 6.10 – Exemplo de montagem da técnica de eletroforese

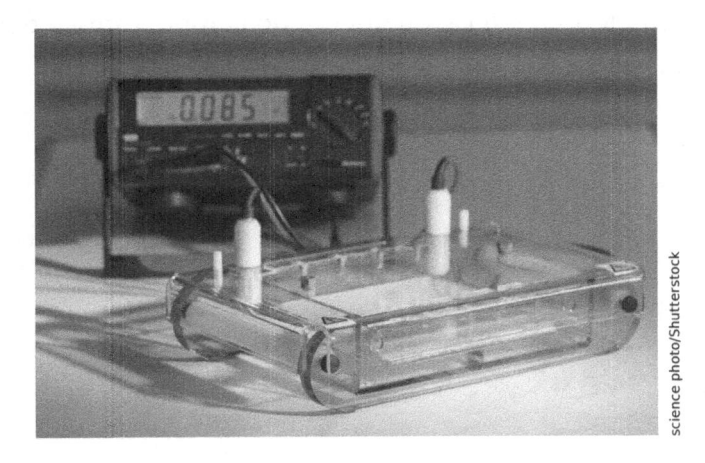

Trata-se de uma técnica de fácil execução, baixo custo de implementação e grande precisão nos resultados. Foi utilizada pela primeira vez pelo bioquímico Arne Tisélius, em 1937.

6.5.1 O método da eletroforese

Quando em solução, substâncias que têm cargas elétricas livres são aceleradas sob ação de um campo elétrico. Essa aceleração é inversamente proporcional à massa dessas substâncias, conforme **a lei fundamental da mecânica newtoniana** (Equação 6.7).

Equação 6.7

$$a = \frac{Fr}{m}$$

Pela definição de campo elétrico, que é a razão entre a força elétrica e a carga imersa no campo, tem-se que (Equação 6.8):

Equação 6.8

$$E = \frac{F}{q}$$

Então:

Equação 6.9

$$F = E \cdot q$$

Substituindo a Equação 6.9 na Equação 6.7, obtém-se uma importante relação (Equação 6.10):

Equação 6.10

$$a = \frac{E \cdot q}{m}$$

Perceba a relação da aceleração das substâncias com sua carga elétrica e sua massa. Por sua vez, a direção do movimento dessas partículas ocorre pela **lei de Du Fay**, segundo a qual as partículas com cargas positivas são atraídas pelo polo negativo e as partículas com carga negativa são atraídas pelo polo positivo.

Figura 6.11 – Utilização de campo elétrico uniforme entre placas paralelas

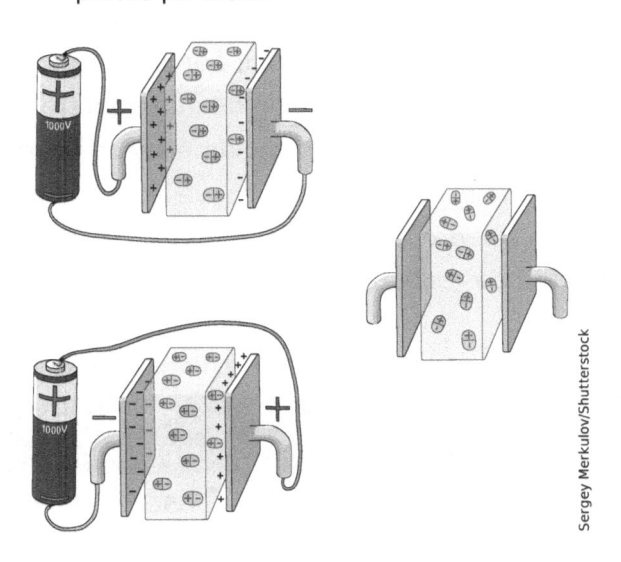

Sendo assim, cada partícula, consideradas sua carga e sua massa, percorre distâncias de forma distinta das demais, com velocidades também distintas. Com base em um padrão, o pesquisador, então, pode proceder a sua análise e tirar suas próprias conclusões.

6.5.2 Fatores condicionantes da eletroforese

De modo geral, a velocidade e o caminho percorrido pelas cargas são as grandezas utilizadas na eletroforese. No entanto, vários outros fatores influenciam os padrões que são gerados e que seguem critérios já estabelecidos, como veremos de forma mais detalhada a seguir.

pH do meio e pI das substâncias

As proteínas têm carga elétrica que pode variar de acordo com o **pH** do meio, o qual, por isso, é capaz de influenciar no método de análise de que aqui tratamos, pois o campo elétrico atua no movimento de acordo com a carga da partícula que se move em seu interior. Observe, no Quadro 6.1, a relação entre o pH e o movimento das substâncias.

Quadro 6.1 – Movimento da proteína conforme pH do meio

Condição	Carga da proteína	Movimento da proteína
$pH_{sistema} > pI_{proteína}$	Negativa	Segue em direção ao polo positivo
$pH_{sistema} < pI_{proteína}$	Positiva	Segue em direção ao polo negativo
$pH_{sistema} = pI_{proteína}$	Neutra	Permanece estacionada no sistema

Conhecer essas condições possibilita a manipulação do método, o que permite a separação de uma proteína ou de um grupo de proteínas, além de outros estudos.

Quando necessário separar substâncias de mesma carga, é possível usar como referência a relação entre pH e **pI**, isto é, **ponto isoelétrico**. Nesse caso, quanto maior é a diferença entre pH e pI, mais cargas elétricas há, o que facilita a separação das partículas, uma vez que as cargas adquiridas são proporcionais ao pI e, por isso, migram em ordem diferente à placa de sinal oposto ao adquirido.

Concentração dos eletrólitos, interações com a fase fixa e temperatura

Muitos outros fatores podem influenciar nos resultados da eletroforese, uma vez que, quanto mais livremente as partículas carregadas se movimentam, melhores são os resultados do método de análise.

A tensão elétrica aplicada para gerar o campo elétrico deve ter valor intermediário. Quando baixa, a separação dos componentes fica comprometida pela difusão. Já uma tensão alta pode aumentar a temperatura da amostra e, assim, interferir na separação das partículas.

A concentração dos eletrólitos pode interferir na condutividade do meio e, por consequência, no movimento das cargas, alterando o resultado da análise, razão pela qual deve ser a menor possível.

6.5.3 Tipos de eletroforese

São dois os principais tipos de eletroforese. No caso da **eletroforese livre**, que hoje está em desuso, as partículas em meio líquido, no interior de um tubo em formato de U, sofrem convecção, necessitando de estratégias que minimizem tais efeitos. Por sua vez, o tipo mais simples, a **eletroforese em suporte**, acontece em meio sólido ou semissólido, evitando, assim, a convecção de calor por dissipações.

Figura 6.12 – Aparato de uma análise a partir da eletroforese

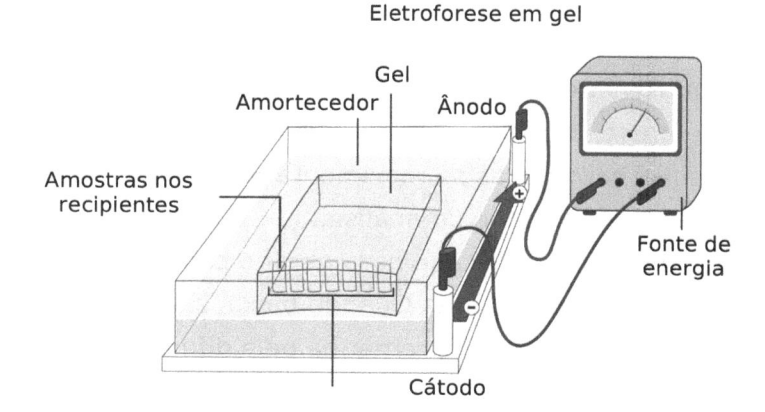

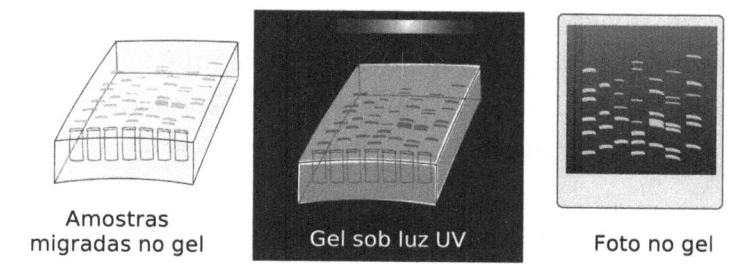

Eletroforese em gel

- Gel
- Amortecedor
- Ânodo
- Amostras nos recipientes
- Fonte de energia
- Cátodo

Amostras migradas no gel | Gel sob luz UV | Foto no gel

Soleil Nordic/Shutterstock

Para saber mais

Para saber sobre os impactos da radioatividade no mundo contemporâneo, recomendamos a leitura do seguinte artigo:

MERÇON, F.; QUADRAT, S. V. A Radioatividade e a história do tempo presente. **Química Nova na Escola**, v. 1, n. 19, p. 27-30, maio 2004.

Radiação residual

Neste capítulo, você foi apresentado a cinco importantes técnicas de análise em biofísica. A primeira delas, a radioterapia, foi desenvolvida graças à descoberta dos raios X e dos raios gama. Tem grande importância na área da medicina no tratamento de doenças graves que até então tinham pouca chance de cura.

Outra técnica que comentamos foi a espectroscopia de absorção de luz. Verificamos que essa técnica usa propriedades específicas de algumas moléculas quando irradiadas como referência para o estudo de suas propriedades e sua composição. Dessa forma, é possível descobrir a composição de novas estruturas com base na forma como reagem à exposição de luz. A terceira técnica analisada, a cristalografia, colaborou com a descoberta de substâncias importantes para garantir a manutenção da saúde humana e de moléculas que desvendaram estruturas importantes na composição dos seres vivos.

A quarta técnica estudada foi a da ressonância magnética. Na seção referente a ela expusemos sua importância no diagnóstico de tecidos moles, feito de forma pouco invasiva, com a utilização de ondas de rádio associadas ao fenômeno ondulatório da ressonância.

Por fim, explicamos como acontece a eletroforese e quais são suas aplicações. Reconhece-se, atualmente, que essa técnica se faz útil em análises laboratoriais e em pesquisas quando há a necessidade de separação dos componentes de um sistema, como macromoléculas de DNA, RNA, enzimas que possuem cargas e tamanhos diferentes, mediante utilização de um campo elétrico.

Absorção fotônica

1) No que se refere à técnica de análise de radioterapia, classifique em verdadeira (V) ou falsa (F) cada afirmativa que segue:
   ( ) Nessa técnica, radiações ionizantes são usadas para inibir o aumento de determinadas células, como no caso de hemorragias e tumores.
   A utilização da radioterapia iniciou-se em 1895 com a descoberta dos raios X por Roëntgen, estendeu-se à tese de Marie Curie, em 1904, e chegou ao desenvolvimento do síncrotron em 1932, para aplicação de radiações ionizantes na medicina.
   ( ) Na década de 1950, o Canadá propôs a utilização do elemento ^{60}Co, que foi capaz de atingir radiações com energia de 1,25 MeV, seguido do acelerador linear de elétrons. No Brasil, apenas em 1971 foi instalado o primeiro acelerador linear de elétrons.

( ) De acordo com a distância entre o paciente e a fonte emissora, a radioterapia pode ser classificada como teleterapia ou braquiterapia. No caso da teleterapia, os aparelhos utilizados são de ^{60}Co, raios X e aceleradores lineares, com aplicações diárias no paciente deitado.
Na braquiterapia, as aplicações são poucas e podem precisar de anestésico.

( ) Nessa técnica são utilizados dispositivos para acelerar partículas eletricamente carregadas, mediante um campo elétrico perpendicular à direção da aceleração, os quais podem ser cíclicos ou eletrostáticos. Nos primeiros, o campo é produzido por uma fonte de tensão constante, que é o fator determinante da energia cinética das partículas, limitando, assim, a energia a um valor crítico; nos demais, o campo elétrico é variável e não conservativo com campo magnético, acarretando ganho de energia cinética, ou seja, não há a limitação da tensão aplicada como no caso do anterior.

( ) O método consiste no uso de substâncias radioativas encapsuladas sobre um volume de tecido englobado por um tumor. A quantidade de substância e o tempo de exposição são previamente calculados para proteger ao máximo as células vizinhas que estão saudáveis.

Agora assinale a alternativa que contém a sequência correta de classificação:

a) F, V, F, V, F.
b) V, V, F, V, V.
c) F, V, F, F, V.
d) V, V, V, F, V.
e) F, V, V, F, V.

2) No que se refere à técnica de análise de espectroscopia de absorção de luz, classifique em verdadeira (V) ou falsa (F) cada afirmativa que segue:

( ) Todas as moléculas absorvem luz de forma muito particular, considerando-se sua estrutura e o meio que a circunda. Essa característica é utilizada na técnica de espectroscopia, sendo empregada no tratamento de doenças como tumores e hemorragias.

( ) Para a maioria das moléculas, o comprimento de onda (λ) que corresponde à transição de um nível energético fundamental a outro do primeiro estado está compreendido no intervalo das radiações gama, daí sua particularidade e, consequentemente, a possibilidade de utilização dessa técnica.

( ) Essa técnica se baseia no fato de que, quando uma onda incide sobre uma molécula, aquela pode ser absorvida ou espalhada de acordo com propriedades específicas desta. Quando é absorvida, a luz causa a excitação de um estado a outro, caracterizando uma molécula cromóforo que converte a radiação absorvida em calor e reemitindo fluorescência com energia menor que a incidente.

( ) Alguns fatores associados ao meio contribuem para alterações no pico de absorção e coeficiente de absorção molar nessa técnica. Tais alterações podem ser desconsideradas, pois não geram mudanças para os valores de referência nesse tipo de análise.

( ) De acordo com as leis da mecânica quântica, cada molécula tem sua própria distribuição discreta de energia, propriedade que é a base da análise da espectroscopia de absorção de luz.

Agora assinale a alternativa que contém a sequência correta de classificação:

a) V, V, F, V, F.
b) V, V, F, V, V.
c) F, F, F, V, V.
d) F, F, V, F, V.
e) F, V, V, F, V.

3) Sobre as características da técnica de análise cristalografia, julgue verdadeira (V) ou falsa (F) cada afirmativa que segue:
( ) Graças a essa técnica, importantes descobertas em estruturas vivas foram possibilitadas, garantindo grande desenvolvimento na medicina,

com a compreensão da estrutura molecular do colesterol, da penicilina, da vitamina B12, da insulina, das proteínas, dos ácidos nucleicos, entre outros casos.

( ) A utilização dessa técnica se estende a examinar amostras sólidas, líquidas e gasosas, desde que tenham uma estrutura atômica regular. É graças a essa estratégia de análise que se pode descobrir que dois materiais aparentemente tão distintos, como o diamante e o carbono, na verdade diferem muito pouco estruturalmente, uma vez que ambos são constituídos unicamente por átomos de carbono.

( ) Quando incide sobre os átomos do cristal, um feixe de radiação eletromagnética sofre o fenômeno de espalhamento, ou difração com interferências construtivas, o que constitui a base de funcionamento da técnica.

( ) Antigamente, a emissão dos raios X acontecia por tubos em vácuo. No entanto, isso não favorecia estudos com cristais grandes. Além disso, poderiam ser necessárias semanas para coletar os dados gerados. A grande guinada no uso dessa técnica se deu quando foram descobertos os raios gama.

( ) Ao serem atravessados por raios X, os cristais espalham a radiação em direções específicas. De posse das informações de direção e intensidade dos feixes que sofreram o espalhamento, é possível estimar a estrutura atômica de cada cristal, tridimensionalmente.

Agora assinale a alternativa que contém a sequência correta de classificação:

a) V, V, F, V, F.
b) V, V, F, V, V.
c) F, F, F, V, V.
d) F, V, V, V, V.
e) V, F, V, F, V.

4) No que diz respeito à técnica de análise de ressonância magnética, assinale a única afirmativa correta:

a) Essa técnica foi desenvolvida e aprimorada depois da descoberta dos raios X e dos raios gama por dois grupos de pesquisadores que, em 1908, ganharam o prêmio Nobel. Uma equipe foi liderada por Felix Bloch (Universidade de Stanford), e outra, por Edward Purcell (Universidade de Harvard). No entanto, a primeira aplicação biológica só foi acontecer alguns anos depois.

b) Essa técnica de análise tem sido muito importante, principalmente para a medicina. Graças à ressonância magnética, imagens de estruturas de um organismo são produzidas com grande resolução, razão pela qual tecidos moles podem ser avaliados.

c) Todo núcleo apresenta uma propriedade fundamental chamada *spin*. Quando os spins não estão pareados, gera-se um campo elétrico denominado *momento de dipolo elétrico*. Este, por sua vez, é capaz de emitir respostas quando exposto a campos magnéticos externos, estando em constante movimento de rotação. Tal movimento, pelo fenômeno da ressonância, garante ganho energético quando submetido a campos magnéticos externos controlados, favorecendo a formação das imagens dos tecidos.

d) Para que a visualização de um tecido específico aconteça, é necessário que haja um contraste entre ele e o meio em que está inserido. Esse contraste é percebido pela razão entre o vetor campo elétrico dos tecidos ao seu redor e o vetor campo elétrico do objeto.

e) Por não utilizar radiação ionizante, mas sim campo magnético e ondas de rádio, não oferece riscos de lesão aos tecidos biológicos. No entanto, o uso dessa técnica está associado a alto custo operacional, sem contar que causa desconfortos ao paciente durante o diagnóstico.

5) Sobre a técnica de análise de eletroforese, assinale a única afirmativa **incorreta**:

   a) Quando em solução, substâncias que têm cargas elétricas livres são aceleradas sob a ação de um campo magnético. Essa aceleração é diretamente proporcional à massa dessas substâncias, conforme a lei fundamental da mecânica de Isaac Newton.

b) São dois seus principais tipos: a eletroforese livre e a eletroforese em suporte. No caso da primeira, as partículas em meio líquido, no interior de um tubo em formato de U, sofrem convecção, necessitando de estratégias que minimizem tais efeitos.
No caso da eletroforese em suporte, que acontece em meio sólido ou semissólido, é possível evitar a convecção de calor por dissipações, sendo necessário menos cuidados durante a análise.

c) Essa técnica é de fácil execução, tem baixo custo durante sua utilização e oferece grande precisão nos resultados. Foi utilizada pela primeira vez pelo bioquímico Arne Tisélius, em 1937.

d) A velocidade e o caminho percorrido pelas cargas, que são utilizados na análise por essa técnica, são os principais fatores condicionantes. No entanto, existem outras variáveis que podem interferir na coleta de dados.

e) Essa técnica é muito utilizada em análises laboratoriais e pesquisas. É empregada quando se objetiva a separação dos componentes de um sistema, como macromoléculas de DNA, RNA e enzimas que possuem cargas e tamanhos diferentes, com utilização de um campo elétrico.

Interações teóricas

Salto quântico

1) Construa um quadro comparativo que contenha as cinco técnicas de análise estudadas neste capítulo. Para cada uma delas, escreva o princípio básico de seu funcionamento, as situações em que é utilizada, assim como as vantagens e as desvantagens de seu uso. Reflita sobre a importância das pesquisas e dos estudos para o avanço na medicina.

2) A paleontologia é uma área da ciência que estuda fósseis com a finalidade de investigar a formação dos organismos, dos ecossistemas, além de estimar datações diversas. Essa tarefa é diferente da atividade da arqueologia, que busca as relações culturais e sociais dos povos que nos antecederam. Das técnicas de análise que você aprendeu neste capítulo, elenque quais poderiam ser utilizadas para colaborar com as pesquisas na paleontologia. Justifique sua resposta usando as características e indicações da técnica que você julgar pertinente.

Relatório do experimento

1) Sabe-se que, no tratamento dos mais diversos tipos de câncer no corpo humano, há diferentes técnicas que podem ser utilizadas. Pesquise em quais tipos de tumor a radioterapia é mais indicada e em quais ela é menos recomendada. Liste os motivos que limitam

sua utilização a qualquer tipo de câncer. Discuta as informações adquiridas, debatendo as limitações que a medicina ainda precisa superar diante de uma doença que mata ou mutila milhares de brasileiros todos os anos. Como sugestão de aprofundamento de seus estudos, pesquise ainda sobre um tipo específico de câncer que se manifesta em um grupo de crianças no Sul do Brasil e que é alvo de estudos pelo reconhecido hospital Pequeno Príncipe, localizado em Curitiba, em parceria com universidades.

Conservação da energia

Ao longo desta obra, evidenciamos a importância do estudo dos conceitos que fundamentam a biofísica, a fim de explicar a natureza, os mais variados seres vivos e a forma como acontece a relação entre eles. Mais do que isso, neste livro, propusemos reflexões a respeito de situações que têm potencial de favorecer ou prejudicar a existência dos indivíduos.

Vivemos em uma era em que os recursos tecnológicos nunca estiveram tão avançados, mas também presenciamos cada vez mais as desigualdades de acesso a tais recursos, bem como seu uso de forma (ir)responsável em relação à natureza.

Além de elencar conceitos, leis, teorias e relações, propusemos a você, leitor, que refletisse sobre as mais distintas relações de dependência entre a física e a biologia, principalmente no que diz respeito à promoção da saúde humana.

Referências

FERREIRA NETO, E. **Migrações nocturnas de aves em Portugal continental**: aplicação do método "moon-watching". 128 f. Dissertação (Mestrado em Gestão e Conservação da Natureza) – Universidade do Algarve, Algarve, 2004. Disponível em: <https://sapientia.ualg.pt/bitstream/10400.1/6884/1/S14_NETO-Migracoes_nocturnas_de_aves.pdf>. Acesso em: 19 jun. 2020.

HALLIDAY, D.; RESNICK, R. **Fundamentos de física**. São Paulo: LTC, 1994. v. 2.

HUSMANN, S.; ORTH, E. S. Ensino da tensão superficial na graduação através de experimentos fáceis que não requerem infraestrutura laboratorial. **Revista Virtual de Química**, v. 7, n. 3, p. 823-834, 2015. Disponível em: <http://rvq-sub.sbq.org.br/index.php/rvq/article/view/845/613>. Acesso em: 19 jun. 2020.

IAG – Instituto de Astronomia, Geofísica e Ciências Atmosféricas. Universidade de São Paulo. Angström. **Glossário – Introdução à Cosmologia**. Disponível em: <http://www.astro.iag.usp.br/~ronaldo/intrcosm/Glossario/Angstrom.html>. Acesso em: 04 maio 2020.

MENDES, R. L. P. **Estudo do comportamento das abelhas (Apis mellifera L.) submetidas a variações do campo eletromagnético**. 91 f. Dissertação (Mestrado em Engenharia Agronómica) – Universidade do Porto, Porto, 2014. Disponível em: <https://core.ac.uk/download/pdf/143397232.pdf>. Acesso em: 19 jun. 2020.

SANTINI, D. Agropecuária é a principal ameaça para espécies em extinção. **((o))eco**. 22 dez. 2014. Disponível em: <https://www.oeco.org.br/blogs/oeco-data/28843-agropecuaria-e-a-principal-ameaca-para-especies-em-extincao/>. Acesso em: 19 jun. 2020.

SANTOS, C. A. dos. **Experimento da gota de óleo de Millikan**. Porto Alegre, 2002. Notas de aula.

SCHIELDS, P. J. **Lei de Bragg e difração**: como ondas podem revelar a estrutura atômica de cristais. Tradução de Rejane M. Ribeiro Teixeira. Center for High Pressure Research, Department of Earth & Space Sciences, State University of New York at Stony Brook. [S.d]. Original inglês. Disponível em: <https://www.if.ufrgs.br/tex/fis01101/home.html>. Acesso em: 19 jun. 2020.

SNOWDON, C. T. Comunicação. In: YAMAMOTO, M. E; VOLPATO, G. L (Org.). **Comportamento animal**. 2 ed. [S. l.: s. n.], [S.d]. p. 191-231. Disponível em: <https://edisciplinas.usp.br/pluginfile.php/4115904/mod_resource/content/1/Livro%20COMPORTAMENTO_ANIMAL%20Yam%20_%20Volpato.pdf>. Acesso em: 19 jun. 2020.

VIEIRA, E. R et al. O Desmatamento em Números: Análise de Dados a Partir de Textos e Tabelas. **Portal do Professor**. 01 dez. 2010. Disponível em: < http://portaldoprofessor.mec.gov.br/fichaTecnicaAula.html?pagina=espaco%2Fvisualizar_aula&aula=23097&secao=espaco&request_locale=es>. Acesso em: 29 jun. 2020.

Bibliografia comentada

DURAN, J. E. R. **Biofísica**: fundamentos e aplicações. São Paulo: Prentice-Hall, 2003.

Nessa obra, a física é apresentada como uma ciência essencial, necessária para o estudo dos processos de vida. Isso porque existem milhares de leis que possibilitam estudos importantíssimos e auxiliam no processo de compreensão dos fenômenos físico-biológicos. O livro mostra aplicações dos conceitos, tornando a aprendizagem muito mais ativa e significativa por meio do diálogo entre diferentes áreas do conhecimento. Trata-se de um exemplar extenso, organizado em 11 capítulos.

GARCIA, E. A. C. **Biofísica**. São Paulo: Sarvier, 1998.

Essa obra está focada em dar suporte aos desprovimentos das práticas dos profissionais da área, a fim de suprir as necessidades dos docentes e estudantes, assim como progredir a literatura científica em nosso país.

HENEINE, I. F. **Biofísica básica**. 2. ed. Rio de Janeiro: Atheneu, 2010.

O autor dessa obra, durante a graduação em Medicina, mostrava-se muito comprometido. Foi monitor de fisiologia da Faculdade Federal de Medicina de Minas Gerais, onde se formou em 1952. Realizou também cursos e estágios de qualidade no Instituto de Biofísica Carlos Chagas Filho, do Rio de Janeiro, e no Departamento de Bioquímica e Biologia Molecular, da Universidade de Kansas Medical Center, nos Estados Unidos. Ao retornar ao Brasil, tornou-se membro titular da Academia Mineira de Medicina, ocupando a cadeira 67 (1995–2007). Publicou 47 trabalhos científicos em revistas nacionais e internacionais, além de dois livros, Biofísica básica e Eletroforese em medicina. *O livro mencionado apresenta, de maneira introdutória, conceitos da biofísica e tem como principal objetivo orientar professores tanto por meio da exposição de conceitos quanto pela prática. Desse modo, o professor pode aumentar o repertório do leitor. O público-alvo são profissionais em formação nas áreas de Ciências Biológicas, Enfermagem, Farmácia, Fisioterapia, Odontologia, Medicina, Terapia Ocupacional e Veterinária. Na época da primeira publicação, adequava-se às necessidades curriculares de cada um desses cursos.*

MOURÃO JÚNIOR, C. A.; ABRAMOV, D. M. **Biofísica essencial**. Rio de Janeiro: Guanabara Koogan, 2012.

Essa obra apresenta conceitos importantes com objetivo de tornar o aprendizado mais tangível. Em suas edições mais recentes, esse livro proporciona melhor compreensão dos conceitos com o intuito de simplificar os estudos, abordando os conteúdos em linguagem mais acessível e objetiva. Além disso, oferece exemplos práticos, o que garante maior concretude à teoria. Tal obra foi utilizada, em sua totalidade, como referência constante na produção deste livro, Descomplicando a biofísica: uma introdução aos conceitos da área.

NELSON, P. **Física biológica**: energia, informação, vida. Rio de Janeiro: Guanabara Koogan, 2006.

Essa obra tem um público-alvo bastante amplo, desde estudantes das ciências naturais que precisam ter intimidade com questões que envolvam cálculo até estudantes de engenharia que desejam expandir seus conhecimentos sobre células. Nela, o autor aborda conceitos essenciais às áreas de física, química e biologia, que dialogam para descrever os sistemas biológicos. O texto-base foi ancorado em um curso que o autor ministrou a estudantes de diversas formações, incluindo Engenharia Química, Engenharia Mecânica e Bioengenharia.

Respostas

Capítulo 1

Absorção fotônica

1) b
2) a
3) c
4) d
5) e

Capítulo 2

Absorção fotônica

1) b
2) d
3) e
4) d
5) a
6) b
7) c
8) d

Capítulo 3

Absorção fotônica

1) e
2) b
3) a
4) d
5) e

Capítulo 4

Absorção fotônica

1) c
2) d
3) a
4) b
5) e

Capítulo 5

Absorção fotônica

1) c
2) c
3) a
4) a
5) b

Capítulo 6

Absorção fotônica

1) d
2) d
3) e
4) b
5) a

Sobre a autora

Eliana Lopes Ferreira é mestra em Ensino de Ciências pelo Programa de Pós-Graduação da Universidade Tecnológica Federal do Paraná (2018) e especialista em Educação do Campo (2015). É licenciada em Física pela Universidade Federal do Paraná (2003), onde atuou como pesquisadora na área de meteorologia nos temas de correlação, anomalias de temperatura e precipitação. É docente de Física no Ensino Médio, na rede pública de ensino no Paraná, desde 2004. Lecionou também em escolas privadas na cidade paranaense de Campo Largo. A pesquisadora tem em seu currículo as seguintes publicações:

- FERREIRA, E. L.; SUTIL, N. Ciência, tecnologia, sociedade, ambiente e energia elétrica: implicações de processos de problematização no ensino médio. In: CONGRESSO NACIONAL DE EDUCAÇÃO - EDUCERE, 13. 2017, Curitiba. **Anais...**, p. 13989-14006.
- FERREIRA, E. L.; SUTIL, N. Proposta de ensino sobre termometria a partir de processo argumentativo. In: CONGRESSO NACIONAL/ SEMINÁRIO INTERNACIONAL ARGUMENTAÇÃO NA ESCOLA, 4., 2018, Recife. **Anais...**

- FERREIRA, E. L.; SUTIL, N. Processos argumentativos em proposta de ensino sobre carga elétrica. In: CONGRESSO NACIONAL DE EDUCAÇÃO - EDUCERE, 13. 2017, Curitiba. **Anais...**, p. 23646-23658.
- FERREIRA, E. L.; SUTIL, N. Tecnologia, sociedade, ambiente e fenômenos ondulatórios: implicações de processos de problematização e argumentação no ensino médio. In: JORNADAS NACIONALES, 13. CONGRESSO INTERNACIONAL DE ENSEÑAZA DE LA BIOLOGIA Y SEMINARIO IBEROAMERICANO, 9., SEMINARIO CTS, 10., 2018, Buenos Aires. **Anais...**
- FERREIRA, E. L.. Relação entre precipitação na Bacia do Rio Iguaçu e temperatura da superfície do mar no inverno e primavera. In: CONGRESO, 9. 2001. Buenos Aires. 2001. CD.

Caso tenha interesse em conhecer um pouco mais sobre as propostas profissionais de Eliana, acesse as páginas eletrônicas indicadas a seguir:

- **Dissertação**:
  http://repositorio.utfpr.edu.br/jspui/handle/1/3763
- **Curriculo Lattes**:
  http://lattes.cnpq.br/3213024642007558

Impressão:
Agosto/2020